美味しいサンマはなぜ消えたのか？

川本大吾

文春新書

1437

はじめに

今、日本の漁業は大きな転換期を迎えている。魚の水揚げが低調なことに加え、「魚より肉」といった食生活の変化などによる「魚離れ」で消費も鈍化するばかりだ。昭和の時代に「儲かる職業」であった漁師も減り続けている。

こうした危機を受け、国や漁業者団体は「儲かる漁業」をキーワードに、国内の流通・消費を含めた水産業の立て直しを目指しており、それと同時に、魚食の拡大が顕著な海外へ向けて「輸出増大策」を進めている。

そうしたなか、２０２３年８月下旬に東京電力福島第一原発の処理水が海洋放出され、漁業者が懸念を抱いていた「風評」が日本に大きな打撃を与えることになった。中国が日本産水産物の全面禁輸を強行し、多くの魚介が行き場を失ったのだ。

日本の魚が中国などに輸出・消費されている現状は、あまりリアリティーがないかもしれない。ところが、日本産水産物の輸出額は、中国・香港を合わせて年間約１６００億円で、輸出額全体の４割以上に及んでいた。これを直視すれば、依存度の高さが実感できるだろう。

国は農林水産物全体の輸出額を２０２５年までに２兆円、２０３０年までに５兆円とする目標を掲げており、うち水産物については２０２５年に０・６兆円、２０３０年に１・２兆円を目指すとしていた。しかし、処理水の海洋放出によって、下方修正が必要な状況に陥った。

国内に目を向けると、日本の魚食文化は、食生活の多様化や個食化のほか、スーパーの台頭をはじめとする流通事情の変化にも大きく左右されてきた。なぜならば、冷凍技術が発達し、遠方からも安定して鮮度の良い魚が確保できるようになったことで、スーパーの魚コーナーや回転寿司では、色とりどりの「輸入魚」が幅を利かせるようになったからだ。「輸入・冷凍魚」に押され、現状の流通では「国産天然魚」、特に大衆魚が消費されにくくなっている。

このように日本の漁業・水産業は深刻な状況に置かれているが、本来持っているポテンシャルは高く、筆者は「捨てたもんじゃない」と見ている。日本はかつて水産大国と言われ、全国津々浦々、世界に類のないほど多種類の魚介を生産し、地域ならではの魚食・郷土料理も多彩である。日本の「うまい魚」にスポットを当てることで、世界に誇る日本の魚食を将来につなげたい。そんな思いでまとめたのが本書である。

美味しいサンマはなぜ消えたのか？　目次

第1章　見捨てられる日本一の魚

■不漁、超高値で青息吐息

近年、魚の話題と言えば、概ねネガティブなものばかりだ。「秋の味覚・サンマが大不漁で、小ぶりで細く、しかも高い」とか、「スルメイカがさっぱり獲れなくて、塩辛が作れない」とか、「サバが不漁で缶詰生産がピンチに」などなど。さらには、「ロシアのウクライナ侵攻の影響もあって、イクラやウニ、カニが高い」、「原発処理水の海洋放出に端を発した中国の日本産水産物の全面禁輸で、輸出依存度が高かった北海道産のホタテを中心に販路が閉ざされた」といった、消費者にも水産関係者にもありがたくないニュースが多い。

そうかと思えば、ため息の出るような景気のいい〝超高値〟が取り沙汰されたりもする。たとえば、豊洲市場の初競りで、「大間のマグロが１本３・３億円也」や、あるいは夏場の同市場で、「初サンマが１本なんと２万５０００円の最高値」、兵庫県の漁港では、「ズワイガニに１匹１０００万円のご祝儀相場」といった話題を見聞きしたことがある方も多いだろう。

しかし、こうした初競りや初物の高値は、バブル期の株価などのような景気水準の高さを表すものではなく、買い手のパフォーマンスや、希少性によるものである点を割り引かなくてはならない。べらぼうに高い魚の話題があるにせよ、実際の日本の魚とそれを扱うことを生業とする水産業の現状は、確実に縮小・弱体化している。

■日本の魚の代表格

かつての勢いが嘘のように、まさにじり貧となっている日本の漁業生産だが、ここでクイズを出してみたい。

「日本で今、一番獲れる魚は何でしょう?」

分かりそうで分からない。これまで筆者は、知り合いの水産業界紙の記者や、水産関係の業者など、何十人にも問いかけてきたが、正解率は20%といったところだろうか。サケ、イカ、マグロといった解答があったほか、意外にも「サンマ」と答えた人もいた。サンマ漁は〝夏から冬の初めまで〟と期間が短いだけでなく、産地が北海道から三陸、千葉県銚子までと限られる。ましてや今は大不漁が継続中だからトップのはずはない。

　正解を言う前に、まず生産量の基準を確認しておきたい。統計上は「重量」ベースだ。小魚でなくても、漁港の水揚げデータを尾数でカウントするのは難しい。本マグロなら

「○○本」といった集計が可能なのかもしれない。しかし、メジ（本マグロの若魚）やヨコワ（本マグロの幼魚）と呼ばれる小型魚になると、たとえ「本マグロ」の部類であっても、漁港では重量ベースのデータ管理しかされていないことが多い。まして、シラスや豆アジであれば、尾数計測は鮮度落ちの心配があるうえ、気が遠くなるような無意味な作業になるであろう。

もう一つ、生産量の順位を左右する前提条件として、混獲されて選別されない魚種は、単一魚種としてのカウントが不可能なため、例えばマサバとゴマサバは一緒くたに「サバ類」として合算される。これに対し、マグロ類は本マグロ、メバチマグロ、キハダマグロなどと、それぞれ別に水揚げ量が算出される。

少々不公平な気もするが、仕方のない面もある。サバ類の場合、マサバとゴマサバは、魚市場などで価値が異なり、マサバの方が高く売れるが、それは大型魚に限った話である。大半を占める小型魚は、どちらも養殖魚の餌をはじめ飼料・肥料などに使われるため、選別する必要性が低い。さらに漁港の関係者によれば、「そもそも小さいとゴマサバ特有の斑点が薄く、マサバとの見分けも付きにくい」ときているから、今後も分けてカウントされることはなさそうだ。

それではそろそろ、「日本で今、一番獲れる魚」の正解を明かそう。

農林水産省のデータによれば、近年は「マイワシ」が日本一を独走中だ。２０２３年５月に公表された農林水産省の漁業・養殖業生産統計によると、２０２２年の総生産量３８５万９０００トンの中で、マイワシは61万３０００トンと、16％を占めてトップだ。２位のホタテガイ（34万トン）を大きく上回っている。

さらに、養殖を除いた海産の天然魚だけでみると、２８９万４０００トンのうちマイワシは21％と、数百種類あるとされる食用魚種の中で、５分の１を超える圧倒的なシェアを誇っていることが分かる。

このマイワシだが、１９９０年代から急激に減り、一時は年間わずか２万８０００トンの大不漁となった。しかし、その後はじわりと上昇し続け、２０１９年に首位に返り咲き、２０２２年まで４年連続で漁獲量トップの座をキープしている。

マイワシはサバ類とは違って、カタクチイワシやウルメイワシなどとははっきり区別され、生産量が分かる。３位の「サバ類」（31万６０００トン）は、２０１８年まで首位だったが、仮に「マサバ」と「ゴマサバ」に分類可能であったなら、既に２０１６年から７年連続でマイワシが日本一となっていた可能性が高い。

単位：千 t

年次	平成25年	26年	27年	28年	29年	30年	令和元年	2年	3年	4年（概数）
合計	4,774	4,766	4,631	4,368	4,306	4,427	4,204	4,236	4,172	**3,859**
まいわし	215	196	311	382	498	524	561	698	640	**613**
さば類	375	482	530	507	519	545	452	390	442	**316**
ほたてがい	348	359	234	214	236	305	339	346	356	**340**
かつお	282	253	248	228	219	248	229	188	245	**175**
すけとうだら	230	195	180	134	129	127	154	160	175	**160**
かたくちいわし	247	248	169	171	146	111	130	144	119	**135**
ぶり類	117	125	123	108	120	100	109	106	95	**93**
まあじ	151	146	152	125	145	118	97	98	90	**100**
さけ類	161	147	136	96	69	84	56	56	57	**88**
まだら	63	57	50	44	44	51	53	56	57	**58**

「海面・内水面の生産量合計」と「海面漁業主要魚種別の漁獲量」の推移

［農林水産省データを加工］

ちなみに、2位のホタテガイ、3位のサバ類以下は、4位がカツオで17万5000トン、5位スケトウダラ（16万トン）、6位カタクチイワシ（13万5000トン）、7位マアジ（10万トン）、8位ブリ類（9万3000トン）、9位サケ類（8万8000トン）、10位マダラ（5万8000トン）となっている。

マグロは、前述したとおり種類ごとに分類されており、キハダマグロ（4万9000トン）、メバチマグロ（2万2000トン）、クロマグロ（本マグロ・1万3000トン）は、いずれもベスト10入りしなかった（「マグロ類」でまとめると10万9000トンとなり、マアジを上回って7位となる）。

つまり日本の魚の代表格は、ホタテを除くと、マイワシを筆頭に、サバ類、カツオ、スケトウダラなどであり、これらの魚種を中心に「魚食」について語られることが理想である。

■最近イワシ、食べてますか？

イワシと付く魚には、マイワシのほか、カタクチイワシ、ウルメイワシなどがある（ちなみに「たたみイワシ」というのは魚種ではなく、カタクチイワシの稚魚を天日干しにして、板

水揚げされトラックに積まれたマイワシ（銚子港）

状にしたものを指す）。単にイワシといった場合にはマイワシを指し、北海道から九州まで、広い地域で水揚げされ、それなりに利用されてきた。

ここで皆さんに、ご自身の食生活を少し思い出してもらいたい。例えば、「この1年でマイワシをどれだけ食べたか」である。イワシは、魚偏に「弱」と書くほど鮮度落ちが速い魚として知られ、日本の代表魚で水揚げダントツのマイワシも、なかなか鮮度が良いものには、お目にかかれない。

大羽《おおば》イワシ（大型のマイワシ）がたくさん獲れて、小売りまで安く流通しているときであれば、スーパーなどで「刺し身ＯＫ」と太鼓判を押されたマイワシをゲットできる可能性もあるが、実際はそう簡単にはいかない。通常、マイワシはたくさん漁獲されても、大半は刺し身に向かない小羽《こば》（小型のマイワシ）ばかりで、一部の大羽は魚市場などで高値が付き、スーパーには出回らないことが多い。しかも、生で食べる場合には、寄生虫であるアニサキスの心配もあるため、マイワシは鮮度が良くても、流通に乗りにくい魚なのだ。

　冷凍食品をはじめ、簡便性を追求した食品がもてはやされるなかで、生産量トップのマイワシは、決してたくさん消費される人気の魚ではない。総務省の家計調査報告によれば、２０２２年の１世帯（２人以上）当たりの「イワシ」（カタクチなど他のイワシ類も多少は含まれている可能性がある）の購入数量は、年間たった３７７グラムでしかない。遡ると20年前の２００２年は同１０４５グラム、10年前の２０１２年は同６８７グラムだから、どんどん消費量は減っていることがわかる。漁獲量とは対照的に、食卓から遠ざかり、人気は下がる一方だ。

　マイワシの人気が低い現状について、「それもそのはず」とうなずけるデータがある。農林水産省がまとめた２０２１年の「産地水産物用途別出荷量調査」（主要31漁港・19品目）を見ると、イワシが漁港で水揚げされた後、どのように扱われているのか、大雑把にだが理解できる。

品　目	計	生鮮食用向け	魚油・飼肥料向け	養殖用または漁業用餌料向け
出荷量（t）				
合計	1,127,325	325,390	177,408	290,927
生鮮品計	926,228	222,775	177,408	290,927
うち まいわし	424,635	59,901	173,093	145,962
さ ば 類	283,744	39,215	2,150	128,443
ま あ じ	55,849	22,337	436	11,390
か つ お	41,357	35,799	−	583
ぶ り 類	31,240	15,641	−	146
冷凍品計	201,097	102,615	−	−
うち か つ お	144,337	52,397	−	−
き は だ	35,036	33,246	−	−
出荷量割合（%）				
合計	100.0	28.9	15.7	25.8
生鮮品計	100.0	24.1	19.2	31.4
うち まいわし	100.0	14.1	40.8	34.4
さ ば 類	100.0	13.8	0.8	45.3
ま あ じ	100.0	40.0	0.8	20.4
か つ お	100.0	86.6	−	1.4
ぶ り 類	100.0	50.1	−	0.5
冷凍品計	100.0	51.0	−	−
うち か つ お	100.0	36.3	−	−
き は だ	100.0	94.9	−	−

2021年の用途別出荷量及び出荷量割合
(31漁港・19品目、出荷量の上位品目)　［農林水産省データを加工］

巻き網や定置網などにより獲られたマイワシは、漁港でどさっと水揚げされた直後、「魚油・飼肥料向け」に処理される割合が40・8%、次いで「養殖用または漁業用餌料向け」が34・4%だった。全体の75・2%、つまり4分の3が「非食用」という扱いで専門業者などに引き取られていくのだ。ただちに冷凍処理される分も多いであろう。

「生鮮食用向け」として、漁港から活きの良い状態で、地元や東京などの消費地に運ばれるのは、なんとわずか14・1%だ。他の魚種で生鮮食用向けの比率を見ると、たとえば本マグロは98・8%、メバチマグロは100%、カツオは86・6%、カレイ類67・3%、ブリ類50・1%、マアジですら40%である。生鮮食用向けのマイワシがいかに少ないかが分かる。しかも、近年、タンパク原料の価格高騰に伴い、「養殖用または漁業用餌料向け」となる魚の価格も上昇しているため、以前よりも増して、非食用向けに回されやすい環境になっている。

ちなみに、サバ類はマイワシより少なく、「13・8%」であるが、これについては改めて詳述する。

漁獲・水揚げされても、食用として出荷されにくい理由として、「マイワシは、おいしくないからではないか」と言われたら、筆者は猛反発したい。何しろマイワシの刺し身はおいしい。飲食店（居酒屋）でたまにお目にかかる「イワシ刺し」を何度か頼んだことがあるが、都内のある店で、実に綺麗で「新鮮・うまい」刺し身をいただいたことが忘れられない。この店はコロナ禍で閉店してしまったのだが、刺し身のほか天ぷらなどもおいしかった。

そのほか、グリルで簡単にできる塩焼きもおいしい。最近はサンマに比べ随分と安いため、根強い人気があってもよさそうだが、飲食店でも「イワシの塩焼き」は、なかなかお目にかかれない。なぜか――。

■安いイメージが定着し、売りにくい

まず、豊洲市場の卸会社の競り人に「産地からどのようなマイワシを集荷するのか」と尋ねると、「少なくとも１００グラム以上ないと脂も薄いため、仲卸やスーパー向けに売れないから、産地から呼びづらい」と答えた。

一方、豊洲で取引する都内中堅スーパーのバイヤーによると、「マイワシは、あまり売れないから仕入れにくいし、店頭に並べることも少ない」ときっぱり語る。あまりにそっけない反応だったために、「安くておいしいのだから店頭に並べれば、それなりに売れる

居酒屋のイワシ刺し

でしょう？」と聞き返したが、「何を言ってるんだ？」と言わんばかりに畳み掛けてきた。

　このバイヤーは、「今は皆、調理なんてしないで、そのまま食べられる食品を購入することがほとんどなんですよ。手間を掛けてマイワシをさばき、調理して食べるなんて人は、ほとんどいませんよ」と浮かない表情だった。

　そこで、「でも、すべての人がそうではないし、たまにはちょっと見様見真似で魚と格闘しながら食べてみようという人だっているでしょ」と言ってみた。すると、「それじゃ、商売上、困るんですよ」と困惑した様子であった。

　いったい、どういうことなのか。

　マイワシの原価（漁港での産地価格）は、

２０２２年の年間平均価格が１キロ当たり45円（水産庁の産地水産物流通調査より）だった。スルメイカ（同７４９円）、サンマ（同５７６円）、カツオ（同４１４円）、ブリ類（同４６２円）、タラ（同２２７円）、マアジ（同２１２円）などと比べて、かなり安いことが分かる。

そのうえで、このバイヤーの話を要約すれば次のようになる。

「比較的産地価格が安いため、生のマイワシをそのままパックすれば、確かに他の魚に比べて売価は低く設定できる。しかし、売れ残りも想定して買い付けるため、仮に仕入れるとしても多くは扱えない。頭や内臓、骨取りなどの下処理をすれば、コストがかかるため売価は上がる。一方で、イワシはそもそも安い魚というイメージがあるので、経費を上乗せしにくい」

つまり、「丸（１匹そのまま）」で仕入れて下処理しても、売り込みにくいばかりか、「安くて儲けが少ない。ロスを考えると、扱うほどの魚とは言えない」というわけだ。

■漁獲１カ月後でもうまいカタクチイワシの刺し身

日本一の魚・マイワシが有効利用されていない現状を嘆いていた筆者は、かつて取材中にイワシのイメージを覆すような食べ方を知ることになった。

「マイワシ、カタクチイワシ、マサバなどの青魚が、水揚げから3カ月以上経っても、まるで《産直・朝獲れ》のように、新鮮でプリッとした食感でおいしい刺し身として味わえる——」

にわかには信じがたいが、しかし本当の話なのだ。

その衝撃的な話の舞台は千葉県の銚子港。魚の水揚げ量が全国1位で、マイワシも最多の水揚げを誇る漁港だ。そして主役は、銚子港で魚を調達して、隣町の旭市で料理を振舞う渡辺義美さんである。渡辺さんは、地魚料理店とペンションのような宿泊施設「カントリーハウス海辺里《つべり》」を経営している。

渡辺さんのもとを初めて訪ねたときに目の当たりにしたのが、1カ月前に水揚げされたというカタクチイワシの刺し身だった。少々困惑しながら箸を伸ばしたのを覚えているが、口に運んだ途端、しっかりとした弾力を感じた。キビナゴよりも随分と厚みのある身から、少々の脂と同時にほのかな磯の香りが広がり、まったくくせのない、鼻から抜けるようなさわやかな印象が残った。

さかな記者としては、築地市場があった時代から「カタクチイワシ＝セグロイワシ」は、刺し身で食べる魚ではないと決めつけていた。漁港付近なら鮮度が良いから、生で食べられなくはないだろうが、飲食店で手間を掛けてメニュー化する魚だとは思えなかったからだ。

渡辺さんに改めていつ揚がったカタクチイワシか尋ねると、「確か1カ月ほど前だったか」と、はっきりした記憶がないくらい日にちが経っていた。でも、新鮮でおいしい。合点がいかないとはまさにこのことだった。

■カキ殻を使った熟成塩タレ

種明かしをしても少々信じがたい気持ちが残ってしまうだろうが、この技術のカラクリを説明しよう。

渡辺さんはかねてから、地元で夏場に獲れる岩ガキの殻が山積みにされるのを見て、「何とかこれを有効利用できないか」と、頭を悩ませていた。そこで、研究機関の協力を得て、岩ガキを使った「熟成塩タレ」を開発した。

製法は、まず大量に出る岩ガキの殻を、1400度という高温で焼いて粉末にする。そして、それを水に溶かして、塩とタマネギ、ショウガなどの香味野菜と一緒に素焼きのかめで数週間熟成させれば完成だ。

通常、マイワシやカタクチイワシなどは冷凍すると、「身がぱさぱさになって、臭みが出ることが多い」（渡辺さん）という。だが、銚子港で獲れたばかりのマイワシなどをさばいて三枚下《おろ》しにして、熟成塩タレに数分間漬けてから真空パックし、マイナス60度の保冷庫で保存すると、「解凍しても臭みがなく、鮮度が保てるばかりか、うま味も増す」（同）のだ。渡辺さんの言葉通り、熟成塩タレには、青魚などの鮮度落ちや魚特有の臭みを抑える働きがあることが分かり、２００９年に特許を取得した。

いったん冷凍しているため、寄生虫アニサキスの心配もなく、安心して「獲れたて」に近い状態で食べられるというわけだ。

そんな魔法のようなタレのお陰で、青魚の中でも鮮度落ちが速く、生食には向かないカタクチイワシまでもが、長期間おいしく食べられる。渡辺さんによると、熟成塩タレに漬ければ、半年くらい冷凍しておいても、さほど身質の変化はないという。

渡辺さんは「銚子は全国有数の漁港だが、『銚子と言えば○○』という魚や魚料理がいまひとつない」という状況から、熟成塩タレで銚子のまちを活気付けようと、長年働き掛けてきた。渡辺さんはこのタレを自身の店だけでなく、銚子の料理店や観光業者らでつくる「銚子うめぇもん研究会」を通じて、会員の料理店に提供し、銚子のまちの活性化に一

「熟成塩タレ」を開発した渡辺義美さん

役買っているのだ。

イワシやサバなどの青魚のほか、マグロやカツオ、キンメダイ、ヒラメなどにも効果があり、熟成塩タレを使った冷凍魚が、刺し身、キンメの煮付けやヒラメの揚げ物などとして、銚子の飲食店で提供されている。

渡辺さんは熟成塩タレについて、「遠方でも使いたいという人がいれば大歓迎。正しく扱ってくれる方であれば、タレの実費をいただいたうえで提供することはできる」と話す。

青魚や大衆魚などの冷凍技術は次第に進歩しており、最近ではアルコールを使った急速冷凍法なども開発・実用化されている。ただ、熟成塩タレのように、大きなかめやマイナス60度の保冷庫さえあればＯＫで、特別な設備投資なしに実現可能な技術は珍しい。

■お流れになった回転寿司チェーンからのオファー

熟成塩タレの開発当時、この技術に興味を持った回転寿司チェーン数社が、タレや技術を活用した商品化に向け、渡辺さんに相談を持ち掛けたことがあったという。回転寿司といえば、当時は輸入サーモンや冷凍マグロなど海外産の冷凍魚が中心で、国産の魚、特に青魚は、あまり出回っていないというのがどこの店でも共通の傾向だった。

手軽でしかも低コストな新鮮青魚の刺し身が寿司ネタに加われば、まさに回転寿司の革命に匹敵する。だが、この話は、しばらくして空中分解、オジャンになってしまったという。

当初は、回転寿司（大手も参加していたという）数社が協業して、銚子産のイワシやサバといった青魚が大漁の際に、加工場などでさばくといった案が浮上していたらしい。だが、調整を進めるうち、最終的にはコストや手間に対し、「割に合わない事業」という結論に至ったようだ。

ネックと考えられるのは、マイワシでもサバでも、シーズンはある程度決まっているが、

銚子のマイワシをPRするイベントのチラシとマイワシの刺し身

自然相手の漁であるから、はっきりした予定が立てられない点だ。だが、大漁に合わせて一気に作業に臨まなければ、おいしい青魚の寿司にはならない。数社協力しながら、漁の獲れ具合に合わせて加工するのは、ロスが多いと判断されたのだろうか。マイワシもサバも回転寿司なら１００円（税抜き）の皿に盛られて提供されることになるであろう。したがって、できるだけコストを抑えて生産しなければならないのは当然だ。

　銚子に青魚を水揚げする漁師や漁港の関係者も、東京などの回転寿司で大量に仕入れてくれるなら、それはうれしい限りだろうが、新技術をもってしても、安くてうまい青魚のネタが、安定的に供給される道は開かれなかった。その結果、今でも東京はじめ回転寿司チェーンでは、お世辞にもおいしいと言える青魚にお目に掛かることは少ない。

２０２３年６月末、「入梅イワシ」の時季に再び銚子市と旭市を訪れた。銚子漁港に立ち寄った後、旭市のカントリーハウス海辺里に着くと、お店は多くの客で満席状態だった。一段落したところで、店主の渡辺さんが少々申し訳なさそうな表情で目の前に現れ、「このところイワシの水揚げが少なく、完売してしまった」と、いきなり残念なことを告げられた。

ところが、その落胆の直後のことだ。いくつか注文して目の前に出てきたのは、アジ、サヨリ、サバの刺し身だったが、それぞれ「いつ揚がったものですか？」と尋ねると、アジが1カ月ほど前、サヨリとサバはともに3カ月前だという。それだけでもびっくりだが、食べると感動に近いほどのうまさで、改めて驚く。この技術がなぜ、普及しないのか？永遠のテーマかもしれない。

第2章　国産サバが消える？

■消費されるサバの多くは外国産

サバは、魚の中ではマイワシに次いで漁獲量が多く、「サバを読む」や「秋サバは嫁に食わすな」といった慣用句・ことわざでもおなじみである。ただ、生産状況や流通の変化によって、次第に国産のサバが消え去ろうとしている。

農林水産省がまとめた２０２１年の「産地水産物用途別出荷量調査」（主要31漁港・19品目）で、サバ類の「生鮮食用向け」の割合が13・８％と、マイワシ（14・１％）よりも低いことを前章で紹介した。

サバ類は、マサバとゴマサバの２種の総量となる。近年、斑点が特徴のゴマサバは、マサバに比べて生産量が少なく、脂の乗りも薄い。かつては三陸や千葉県の銚子、九州などの漁港で、ゴマサバの方がたくさん獲れていた時代もあったが、このところマサバが優勢となっている。

マサバもマイワシ同様に、北海道から九州まで広い地域で水揚げされ、消費されてきた。一方、ゴマサバは比較的、南の海域で漁獲されることが多かったが、温暖化の影響もあって、近頃は三陸など北日本での水揚げも多くなっている。

西日本に比べ、東日本では、マサバ主体の流通・消費の傾向がある。豊洲市場の卸値も、マサバの方が断然、ゴマサバよりも高い。ただし例外として、夏場にはマサバが産卵の影響で脂が薄く、身質が落ちる半面、ゴマサバはむしろ「脂が乗っておいしくなる」（豊洲市場競り人）と言われている。一方、「身割れすることが多いので、寿司ネタにはむかない」（同）という声もある。

　とはいえ、特に関東などの魚市場では、サバといえばマサバである。したがって、サバ類の生鮮食用向けの比率は13・８％だが、マサバだけで見ればマイワシよりも、もう少し生鮮出荷の割合が高いのかもしれない。

　統計上はマサバとゴマサバが判別できないことを前述したが、単に「サバ」と言えば「マサバ」を指すことが多いため、本章ではマサバを中心とした話として、サバの状況を考えていきたい。

　イワシやアジなどとともに、サバは「青魚」と言われ、水産資源分野における用語では「多獲性の浮魚」などと称される。海域によっては、岸にとどまる「瀬付き」と呼ばれるサバやアジもあるが、多くは回遊魚として太平洋や日本海などに広く魚群をなして移動している。

サバの消費傾向はマイワシとは事情がかなり違う。まず挙げられる理由は、日本人がサバをたくさん食べていることだ。ただしあまり認知されていないが、実は定食屋さんや弁当屋さんやその他もろもろ、日本で消費されるサバの多くが、外国産なのである。

したがって、マイワシのように、「おいしいのだから、ぜひ食べよう！」と、単純なエールを送るだけでは日本の水産業に好影響を与えることはない。かといって、「外国産ではなく、国産のサバを食べよう！」などと提案しても、消費者にはコントロールできない現状がある。こうした事情について解説していきたい。

まず、サバは間違いなく、人気の魚のひとつと言っていい。筆者も大好きな魚である。個人的な好みは、締めサバ、塩焼き、味噌煮の順番になるだろうか。どれもおいしくいただいている。

サバもマイワシと同様に「足が早い」（鮮度が落ちやすい）魚である。「サバを読む」という慣用句は、「都合のいいようにごまかす」ことを指し、サバが腐ってしまわないように急いで数えるふりをしながら数をごまかす、というシーンが言葉の由来となっている。

このようにサバはたしかに腐りやすいのだが、今は鮮度維持技術や流通が発達し、新鮮なサバは十分食べられる。刺し身となれば、アニサキスの心配もあるため、スーパーなどの小売店では、冷凍した締めサバくらいしか店頭に並ばないが、加熱用なら多く流通しているはずだ。

■漁業用の餌、または人気のサバ缶に

サバ類は水揚げ後、生鮮食用向けのほかにどのように利用されているのか。調査結果をみると、「養殖用または漁業用餌料向け」が45・３％と最も高い。大型のサバ類が生鮮食用向けに出荷される半面、小型のサバの半分近くがハマチなどの養殖や、天然マグロ漁の餌として使用されている。他の魚種と比べても、サバ類の漁業用餌料としての比重は高くなっている。

さらに、３割近くがいわゆる「サバ缶」用の原料になる。数ある魚の缶詰の中でも、近年、サバ缶の人気はトップレベルで、「ツナ缶」や「サケ缶」をしのぐ需要がある。時折、「品切れ続出」などのニュースを目にすることがあるくらいだ。インターネットでは、サバ缶を使ったさまざまなレシピが紹介されており、非常食というカテゴリーだけではなく、日常の食事として工夫を凝らしたレシピで、サバ缶が食べられていることが分かる。

また、サバ類の２０２２年の漁獲量は、約31万６０００トンだが、財務省の貿易統計に

よると、このうち12万5000トンが海外へ輸出されている。ベトナムやタイなどに渡り、缶詰に加工され国産原料の「サバ缶」として、再び日本へ戻ってくる分も相当ありそうだ。

一方で、エジプトやナイジェリアといったアフリカへの輸出も少なくない。数年前に日本の商社の知り合いに聞いてみたところ、「日本食のレストランで使われたり、スモークや塩焼きにした日本のサバを日常の食卓でつつき合って食べたりしている」という。かつての日本の食卓をイメージさせるような風景が目に浮かぶ。

■築地人気店の塩焼き、へしこ、締めサバも……

国産のサバは、生鮮食用向けの比率からもわかるように、決して十分に流通・消費されていない。実は、日本人に好まれ、根付いているのはノルウェー産なのだ。ノルウェーの政府関係者が、「日本人が食べているサバの半分以上はノルウェー産なんです」と自慢するほどである。

そうした傾向を色濃く表しているのが、街で提供されているサバ料理であろう。スーパーのパック売りなら、○○産などといった表示が目に入るが、定食や弁当の食材として使われている場合には、国産なのか海外産なのか分かりにくい。

全国に約３６０店を展開する定食レストラン「やよい軒」では、「サバの塩焼定食」や「サバの味噌煮定食」の原料にノルウェー産を使用している。運営するプレナスの広報担当者によると、「脂の乗りや食味が良いノルウェー産は人気がある」といい、同社が運営する持ち帰り弁当チェーン「ＨｏｔｔｏＭｏｔｔｏ」でも、総菜のサバの塩焼きは「ずいぶん前からほとんどがノルウェー産」だという。

さらに、定食屋チェーンの「大戸屋ごはん処」でも、人気の「さばの炭火焼き定食」や、「さばの味噌煮定食」の原料は、国産ではなく大西洋で獲れたノルウェー産が主体である。大戸屋本部マーケティング担当者によると、「かなり以前から同国産を使用している」といい、「大型魚が多く、脂が乗っている。鮮度がいいし、品質が均一」といった点を原料とする要因に挙げている。

このほか、関東と関西を中心に５００店舗以上を展開する「オリジン弁当」のサバの塩焼きも、20年近く前からノルウェー産が主体となっている。「国産を使うこともあったが、近年はお客さまがノルウェー産の脂の乗りに慣れている」（オリジン東秀）という。ノルウェー産のサバが日本人の嗜好にマッチし続けていることが確認できる。

ノルウェー産のサバは、プロが通う魚の街にも浸透している。

築地市場が豊洲（江東区）に移転して5年が経過したが、隣接していた築地市場がなくなった後も、国内外の観光客らでにぎわう「築地場外市場」は、寿司店や鮮魚店のほか、さまざまな食材を扱う店や飲食店が軒を連ねる。

新型コロナウイルスの影響でいったんは客足が遠のいたが、2022年秋以降、入国制限の緩和などで、以前の活気を取り戻しつつある。ここでも、「サバの塩焼きは、ノルウェー産に限る」（人気の和食店）という声が少なくない。

築地場外市場は豊洲市場から近い距離にあり、大分県の「関さば」や宮城県の「金華さば」、神奈川県の「松輪サバ」といったブランドサバをはじめ、日本各地のサバが手に入る。ところが、「国産は水揚げが不安定なうえ、大きさや脂の乗りも時季などによって違うため、安定した仕入れと高い品質のノルウェー産が扱いやすい」（同）という。

そればかりか、ノルウェー産のサバは、日本自慢の郷土料理などにも使われており、少々寂しい気にさせられる。築地場外市場で営業する「つきぢ尾《お》条《くめ》」は、こだわりの干物や漬け魚を販売する高級店である。だが、サバの開き干しこそ千葉県の銚子産を使っているものの、「西京漬け」はノルウェー産だ。店の関係者は、「開き干しは国産でおいしく作れるが、西京漬けにする場合、脂の乗りが良い方がおいしく作ることができるため、安

ノルウェー産のサバ

定感のあるノルウェー産を原料にしている」と説明する。

ほかにもある。福井県の郷土料理「へしこ」は、サバの内臓を取って塩や糠《ぬか》に漬けた珍味のような保存食で、かつては若狭湾で獲れたサバを使っていた。しかし、地元水産会社によれば、「漁獲量が減って原料が確保できなくなったため、今は大半の加工業者がノルウェー産のサバを使っている」という。「昆布締め」にする人気の締めサバにも、ノルウェー産を使った商品が多く流通しており、国産サバへの依存度は低下する一方だ。

■30年前は脂と縞模様に違和感

今ではすっかり日本に定着したノルウェー産のサバだが、振り返るとその歴史は浅い。少なくとも筆者が時事通信社で水産記者になった三十数年前、築地や大阪の魚市場では、業者の忌避感が強い魚だったと記憶している。

強烈な印象として覚えているのが、1990年代の前半、国内のサバ漁獲量が激減し、サバ不足が顕著になったときのことだ。その代替品として、大西洋で獲れたノルウェー産のサバが次第に台頭してきた。流通価格は手探りの状況とはいえ、築地でも存在感を示し始めていた。

そうした時勢の動きを記事に書くことになったため、新人記者だった筆者はその理由に「脂が乗っていることから……」といった説明を加えた。ところが関西方面の先輩から「国産のサバよりも消費される理由として、あのきつい脂を挙げるのはけしからん」と、強く批判されてしまったのだ。

筆者としては、ノルウェー産のサバが日本で流通量を増やしている要因を示さなくてはと思い、ノルウェーサバの特徴を市場関係者らに取材した。その結果、単純に「国産に比べて脂が多い」という特徴を穴埋めのように入れたに過ぎなかった。

ところが、当時、あまり脂の乗りを好まない関西食文化圏の大阪魚市場では、ノルウェー産サバの日本への流入を肯定的に受け入れていなかった。先輩のアドバイスは、国産が品薄で仕方なく出回っているような説明にとどめるべきではないか、という内容だったように覚えている。

いずれにせよ、当時はまだノルウェー産のサバに賛否があったのは確かだ。築地市場の競り人も、「脂はあるが独特のきつい香りで、魚体のはっきりした縞模様も見慣れず、違和感がある」と、表情を曇らせていた。

大手スーパーで魚の仕入れを担当していた元チーフバイヤーも30年ほど前を振り返って、「国産のサバが十分に確保できなくなっていたこともあり、冷凍物で安定した仕入れが期待できるノルウェー産のサバを各店の仕入れ対象に加えるかどうか、数人の担当者を含めて話しあったが、国産サバとは違う見た目と、脂の質と量に対し、否定的な意見ばかりだった」と語る。

１９９０年代半ばには、国産サバの水揚げが再び伸び始め、ノルウェー産のサバの注目度は一時、それほどでもなくなったのだが、２０００年に近付くにつれ国産サバの勢いがまた弱まってきた。青森・八戸漁港や千葉・銚子漁港でも「小サバばかりで脂が乗ったサバが極端に少なくなった」と築地の競り人は嘆き節だった。これに対し、鮮度管理も良くなり、大型で脂たっぷりのノルウェー産のサバが次第に日本に浸透し、市民権を得るようになっていったのである。

２０００年以降もその人気は変わることなく、一時は違和感を唱えていたスーパーでも店頭に当たり前のように陳列される、常連組となっていった。いったん人気が定着すれば、「もう国産には戻れない」というように、和食店や弁当などでは、特に産地をうたわずとも、定番の原料としてしっかり一般化した。認知度はサーモンほどではないものの、今ではノルウェー産が根強い人気といえるほど、国産を押し退《の》けている。

■生サバの空輸

ノルウェー産のサバは冷凍物が主流だが、２０２１年からはなんと日本へ「生サバ」の空輸も始まり、２０２２年から全国で販売されている。在日ノルウェー大使館・水産部と、日本航空グループの商社ＪＡＬＵＸが連携し、ノルウェーで秋に水揚げされるサバのうち、５００グラム以上の大型で、脂質30%以上という基準をクリアした「上物」を東京・羽田空港に運び込んでいる。

秋の風物詩を目指して「サバヌーヴォー」と命名され、ＪＡＬの機内食のほか全国のスーパーで発売され人気となっている。サンマやサケなどの不漁を嘆いている間に、「秋サ

生のまま羽田へ空輸されたノルウェー産の「サバヌーヴォー」

バ」が国産からノルウェー産に取って代わられようとしているのだ。

　魚体の小型化が顕著な国産サバの水揚げをみると、仕方のない面もある。しかし、こうした状況について、自らを「サバニスト」と称し、サバ好きの輪を広げながら各地でイベントを実施してきた消費者団体「全日本さば連合会」の小林崇亮《たかあき》会長は、複雑な表情を浮かべて嘆息した。

「ノルウェー産も確かにおいしいが、日本各地で獲れるサバもそれぞれの味わいがある。国産のサバが海外で需要があって輸出するのは仕方ないが、地域での食べ方も参考にしながら、小型のサバをもっと味わえるようになれば良いのだが……」

さらに小林会長はこう続ける。

「小型のサバは東京などのスーパーではあまり見かけないが、水揚げされる地域の漁村では、小さなサバを庭先に干している光景を目にする。三重県の民宿では、そうしたサバを朝食に出してくれることがあり、あぶって食べてみたらうま味が凝縮されていてすごくおいしかった」

きっと前述したアフリカでも、小林会長が堪能したように、日本産のサバをおいしく味わっているに違いない。

国産サバの話をもう一つ。第1章で紹介した「熟成塩タレ」を使って、銚子自慢の魚を楽しませる技術は、サバにも活用されている。毎年冬に「銚子極上さば料理祭」と銘打ち、タレを使って冷凍保存したプリプリのサバの刺し身などを提供するイベントで、サバ寿司が大人気なのだ。遠方から訪れる客も少なくないという。

■日本人加工業者の予言

筆者は2022年9月、機会があってノルウェーに飛んだ。ロシア・ウクライナ情勢の影響でフライト時間は長く、漁業が盛んなノルウェー南西部のオーレスンまで、3機乗り継いで計18時間もかかった。

現地の水産関係者は、ノルウェーシーフードが大好物の日本人に対し、「何でも聞いてくれ」といった様子で親切な対応をしてくれた。傍らでは、大西洋のサバ漁がピークを迎えるなかで、水産加工場に横付けされた巻き網漁船からフィッシュポンプを通って、大型で脂の乗ったサバが次から次へと加工場へ流し込まれ、日本への輸出準備が進められていた。現地で一番記憶に残っているのは、駐在していた日本人加工業者の言葉だ。ノルウェー産のサバを横目にこう言い切った。

「日本は小さなサバを競うように獲っているから資源も悪化し、獲れても消費されない悪循環に陥っている。かつて日本ではノルウェー産のサバを敬遠する向きもあったが、今では国産ではなく、こればっかり食べているでしょ。間違いなく、あと10年もすれば、日本で『サバ』と言えば、国産じゃなくて、ノルウェーのサバを指すようになるよ」

縞模様がはっきりして、脂の乗りが上々のノルウェー産は、冷凍が主流だからいつでもおいしい。スーパーで売っているだけでなく、今では日本全国どこでもこのサバを当たり前のように食べている。その結果、国産はどんどん遠ざかっていく。ちょっと寂しいことだが、まさに現実の話である。

第3章　サンマが幻の魚になる日

■見通せないサンマの将来

近年、新たな漁業法や水産政策の改革などにより魚の資源管理策が厚みを増し、乱獲防止や資源の持続的利用が図られるようになっている。太平洋のクロマグロのように、日本だけでなく外国も含めた関係漁業国の努力で資源水準が向上し、漁獲枠の増加に至っているケースもある。

ただ、長きにわたる水産資源に関する調査・研究や管理の徹底化とは裏腹に、日本の魚の水揚げ量は減るばかりだ。２０２２年は過去最低を更新し、漁業の弱体化は顕著になっている。

とりわけ海の魚資源は、複雑な生態系を形成しており、地球温暖化に伴う海水温の上昇によって、海流も激しく変化している。人的なコントロールが不可能とはいえないものの、「想定外」の方向へ進んでしまっているかのようだ。そうしたなか、いかんともし難い状況にあるのが、秋の味覚・サンマの大不漁問題ではないか。

サンマは、急激に漁獲量が減っている。「幻の魚になってしまう」という懸念が現実味を帯びてきた。海水温の上昇や、外国漁船を含めた過剰漁獲などを背景に、２０２２年の日本の漁獲量は約１万８０００トンで、２０１９年に５万トンを下回って以来、過去最低を更新し続けている。振り返ると、日本では１９５０年代後半に50万トンを超える漁獲量を上げていただけに、その差は歴然である。

■獲り切れるはずのない上限設定

２０２３年3月下旬、サンマに関するニュースが報じられた。

新聞各紙の見出しは、時事通信社も含め「サンマ漁獲枠、25％削減」だった。札幌市で開催された北太平洋漁業委員会（ＮＰＦＣ）の年次会合で、漁業国の２０２３、２０２４年の総漁獲枠を２０２２年の33万３７５０トンから25万トンへ、４分の３の水準に減らすことが決まったという記事であった。

一見すると、深刻な不漁にあえぐサンマ資源に配慮した決定のように思える。

しかし、ＮＰＦＣが決めた数字は、実際に漁獲されるサンマの量よりもはるかに多いのだ。２０２２年に各国が漁獲した合計数はおよそ10万トンにすぎない。にもかかわらず、２０２３年の総漁獲枠は25万トンと、獲り切れるはずのない上限が設定されている。

さらに、25万トンの枠のうち、日本のサンマ漁獲枠は前年（約15万５０００トン）に比べ、

24％減の約11万８０００トンとなった。過去最少ではあるが、こちらも２０２２年の実際の漁獲量である約１万８０００トンに比べれば、桁違いの数字だ。過去にもこのような余裕のある枠が設定されたことがあり、資源管理上、実効性ある漁獲制限の必要性を指摘する声は少なくない。

しかも、日本の漁獲枠約11万８０００トンのうち、近年の漁獲の大半を占めている公海の枠は約２万１０００トンと少なく、残りの約10万トンは日本とロシア双方の排他的経済水域（ＥＥＺ）内に設定された。昨年、全体のわずか数パーセントしか両国のＥＥＺ内で漁獲されなかったにもかかわらず、何故か大量の枠が認められている。「獲れる可能性はほとんどないが、仮にＥＥＺ内にサンマが入ってくれれば、獲ってもよい」という甘い管理策だ。

いったいなぜ、こうした上限設定が国際会議でまかり通るのか。

日本や中国、ロシア、韓国、台湾など、９カ国・地域が加盟するＮＰＦＣは、２０１５年に設立された新しい国際資源管理機関だ。今回、協議の焦点となったのは漁獲の大半を占める〝公海での総漁獲枠〟であり、２０２２年の19・８万トンから24％削減して15万トンとした。前述のとおり、近年はサンマの分布はほとんどが公海で、日本とロシアの２０

近年は不漁のうえ、ほっそりしたサンマしか獲れない

０カイリ内の漁獲は、わずかな量にとどまっている。

獲れるはずのないＥＥＺ内の漁獲枠を含め、「実際の漁獲量の数倍もの総漁獲枠が設定されるのはおかしい」といった疑問の声が、漁業・魚市場関係者の間で広がった。他にも漁業者からは、「日本でサンマ漁が始まる前の５月ごろから、外国漁船が公海で先獲りするのを禁止すべきだ」といった声が上がっていたが、ＮＰＦＣではスルーされている。

１９９０年以降、ロシアに加えて台湾や韓国がサンマ漁に加わり、２０００年以降になると、外国漁船の台頭がより顕著になった。日本漁船の操業が活発化する秋を待たずに、５月ごろから超大型漁船によって、遠い公海上でサンマをごっそり獲りまくる中国、台湾漁船などが目立っていたが、そうした先獲りへの規制は聞き入れられなかったのだ。

その結果、近年は日本のサンマ漁獲のシェアがごく一部になっている。ただ、不漁を嘆くのは日本だけではない。わずかな量しか獲れず、小さくスリムなサンマばかりで物足りないのは、中国や台湾も同じであろう。

ＮＰＦＣの漁獲枠設定や操業ルールの甘さに関し、漁業・魚市場関係者から疑問の声が高まるなか、「サンマ漁を1、2年控えたらどうか」と一時的な禁漁が必要だとする声も出ている。サンマの寿命は2年ほど。つまり、獲れるのはその年か前の年に生まれたサンマで、資源を回復させるためには少しでも親魚を守って、次の代のサンマを増やすことが必要だ。そこで、豊洲市場の競り人からは「甘い漁獲枠を設定するくらいなら、ちょっとサンマ漁を我慢して、かつてのようにたくさんサンマが獲れるようにした方が良いのではないか」といった声も上がっている。

最高レベルの漁業規制である「禁漁」が、科学的に見て必要かどうか。資源研究者の間には「必ずしも有効とは限らない」という消極的な見方が多い。

水産資源の管理には「最大持続生産量」（ＭＳＹ）という指標が用いられる。自然環境下で魚が持つ回復力に着目し、「回復量と同じ量だけ漁獲すれば、資源量の維持・増大が期待できる」（資源研究者）といった考え方で、禁漁しなくても、自然に増える分だけ漁獲すれば大丈夫というわけだ。

ただ、こうした考え方は、資源そのものを守るのではなく、漁業経営の維持を念頭に置いたものとも言える。「緊急事態」に置かれているサンマ資源だけに、必要以上の規制、あるいは禁漁といった対策を講じて、少しでも漁獲枠を抑えることが求められているにもかかわらず、ＮＰＦＣの協議にその発想はない。

年次会合が終了したあと、水産庁の大幹部（当時）はため息交じりにこうつぶやいた。

「本当は獲らないに越したことはないのだが……」

筆者が、「まるで、クジラの保存・利用を目的とした国際捕鯨委員会（ＩＷＣ）が、欧米の環境論により、クジラを捕らせないための組織に変容したのとは真逆の『サンマを獲らせるための会議』ですね」と指摘すると、大きくうなずいていたのを覚えている。まったくやり切れないといった様子だった。

ともあれ今春のＮＰＦＣでは、漁獲枠が前年比で削減されたほか、各国の漁船の操業隻数や操業期間に関する規制策も合意に達し、表面的には前進が見られた。日本の政府関係者などの間からは、「不漁が続くサンマの資源回復へ一定の前進」と、安堵の言葉がこぼれた。

それでも決して十分とは言えない結果となったのは、ＮＰＦＣでは規制策などの決定はコンセンサス（全会一致）が条件となっているからだ。つまり、１カ国・地域でも反対すれば、規制案は通らないばかりか、漁獲枠で合意できなければ、ルールなしの無秩序な漁獲が横行する可能性さえある。日本政府もサンマ規制について、及び腰の姿勢にならざるを得ないのである。

■２０１０年にサンマは突然遠い沖合へ

今回の協議では、漁獲枠のほか、「東経１７０度以東における６～７月の漁獲禁止」が初めて合意に達した。東経１７０度はニュージーランドが位置するあたりの経度であり、北太平洋のこの海域には、生まれたばかりの０歳魚、つまり翌年以降、漁獲対象になり得るサンマが多いのだという。漁船に追い回される心配がないのだから、「少しでも仲間を増やして来年はぜひ、日本の近くまでいらっしゃい」と願うばかりだが、資源量が激減している今、遠い東の沖合に分散しているサンマたちが、日本に回遊してきて、かつてのような豊漁になる状況ではないだろう。

では、サンマは近年、なぜ歴史的な不漁に見舞われているのだろうか。理由は決して単純ではない。

サンマ資源の調査・研究をしている国立研究開発法人水産研究・教育機構によると、まず不漁の契機となったのは、「２０１０年に突然起きた分布の沖合化」だった（研究機関が「突然」と表現しているだけに、少なくとも目立った前兆はなかったようだ）。サンマの生息分布が日本沿岸ではなく、太平洋の遠い沖合に移り、それまで秋にみられた日本近海での南下が見られなくなったという。

２０１０年以降についても、「海洋環境の変化や餌環境の変化、他の浮魚類の出現などにより、サンマ回遊の沖合化と資源の減少が継続・進行している」（同機構）と分析されている。

確かに、日本のサンマ漁獲量は、２００９年に31万トンを超えていたが、２０１０年には約20万７０００トンと急降下した。その後、30万トンレベルの年はなく、現在では、数万トンレベルに落ち続けている。

同機構の指摘のなかに、「他の浮魚類の出現」とあるが、これはマイワシとサバ類を指す。サンマやマイワシ、サバ類などの多獲性魚（一度に大量に獲れる魚）は、深海ではなく主に海面の表層に生息する浮き魚に分類される。回遊ルートはまったく同じではないものの、特に日本の近海に餌を求めてやってくれば、競合してしまうのだという。

　こちらも相関がはっきりとしている。マイワシの方は２００９年から増加傾向を示し、２０１１年には漁獲量が急増しているため、勢力が拡大している様子がうかがえる。サバ類については、２０１０年に49万トン以上の豊漁となり絶好調だった。つまり、サンマ資源の減少と入れ替わるように資源量を増やしていたのだ。

　かと言って、サンマ資源を増やすためにマイワシ、サバ類をたくさん獲ろうというのは現実的でない。棒受け網漁を主体としたサンマ漁業と、巻き網漁などのマイワシ、サバ漁業は、それぞれの対象資源の評価の下で管理されており、他の魚を増やすために特定の魚を余計に獲ることなどあり得ない。そもそもマイワシ、サバ類には漁獲可能量が設定されていて、枠内での操業が行われているのだ。

■三陸沖の水温が高くて南下できない

魚の資源研究は既存の40～50年のデータを基にしており、それ故、「分からないことも多い」ことは付け加えておきたい。これはサンマだけでなく他の魚にも共通する、資源研究者への取材の中で時折、漏れる言葉である。

そうしたなか、サンマの資源というよりも、漁場形成そのものに大きな影響を与えているとみられるのが、日本の漁期となる夏から秋にかけての「親潮の弱体化」と、それに伴う北海道東・三陸沖の海水温の上昇だ。

サンマはこれまで、春に太平洋を北上し、秋から冬にかけて北海道東・三陸沖を南下するタイミングで漁獲されてきた。かつて親潮は、秋に千島列島に沿って北から南へ冷たい海水を運んできたが、近年は流れが弱まり、日本列島に沿って南下しにくくなっている。道東・三陸沿岸から離れるように東へ蛇行してしまうのだという。

水産研究・教育機構は、「（主に三陸沖の）北緯40～41度付近の海面水温の高い海域が、東西方向に広く帯状に形成されているため、親潮がそれを乗り越えて（日本の近海を）南下することができなくなっている」と説明する。

その結果、三陸沖などの水温は高いままで、冷たい海水を好むサンマが秋に獲れないというわけだ。少々ややこしいが、同機構はこうした親潮の南下を阻む北緯40～41度付近の「高水位偏差の壁」が、サンマ漁場を日本から遠ざけ、不漁となっている最大の海洋要因と結論付けている。

　このほか、同機構は、▽サンマの餌となるプランクトンの量も近年、減少傾向にある、▽分布域が沖合に偏ったため、産卵場や生育場も餌の条件が良くない沖合に移動した、▽沖合の方が（沿岸よりも）餌の密度が低いため、生育場の沖合化は成長の低下を招くだけでなく、成熟にも悪影響を及ぼしている、と分析している。

　サンマの不漁要因につながる海洋環境の変化について詳述したが、ともすると「不漁が海の状況次第なら、乱獲、あるいは規制や禁漁などは関係なく、結局はサンマに適した海洋環境に戻らなければ、豊漁になることはないのではないか」と考えるかもしれない。しかし、決してそんなことはないと付け加えておこう。

　同機構の研究者は、「サンマ資源が減少傾向にあるなかで、２０００年以降、日本に加えて外国漁船も競い合うように漁獲してきたことや、５月ごろに中国・台湾漁船が早獲りしていたことなども、資源水準の低下を招いた要因」とみている。漁業国のサンマ漁獲にも、何らかの原因があることを忘れてはならない。

■「季節感があって愛される魚」

にわかに以前の豊漁が戻るとはいえない秋の味覚・サンマ。かつての豊漁期なら、お盆を過ぎたころには、スーパーなどの店頭で１匹１００円以下の特売が始まり、ふっくらと脂が乗ったサンマが手に入った。秋風が涼しく感じられるころには既に「サンマは食べ飽きたよ」などとぼやいている人がいたのを思い出す。

　このところの不漁で、鮮魚店で売られるサンマは、細くて脂の乗りも悪い。焼いたらパサパサで、筆者は大根下《おろ》しをたっぷりつけないと食べにくいと感じるほどだ。それに値段が高いときているから、残念で仕方がない。

　同じように感じている人も多いからか、総務省の家計調査報告によれば、１世帯（２人以上）当たりの２０２２年のサンマの消費量は、年間２６４グラムで、10年前の２０１２年（１５１８グラム）に比べて83％の大幅減となった。購入時の平均価格は、１００グラム当たり１５６円で２０１２年の２倍以上に上昇している。

　それでも、やはりサンマは日本で秋の味覚の主役だ、と感じるやり取りがあった。豊洲市場の大手卸会社である「東都水産」の井上篤営業副本部長は、長年のサンマの卸売経験を踏まえてこう話した。

「サンマは確かに今、大不漁。たくさん売り込む状況ではないものの、それでもスーパーなど小売り側の期待は大きい。1匹98円といった特売はできず、今は『特別価格』というくらいにしかチラシでPRできないが、その都度、可能な範囲で扱ってもらっている。最近のサンマは細くて値は高いが、秋の旬を大きくうたって消費者の目を向けさせる力はまだある。他の魚にはない季節感があるため、愛される魚だと痛感している。正直今のものは、以前なら缶詰にもならない、養殖魚などの餌に回されていたような小さなサイズのサンマばかりだが、また以前のように資源が回復したら、脂が乗った大きなサンマを産地からたくさん集荷し、豊洲でさばきたい」

日本人はサンマを古くから口にし、秋の風物詩として味わってきた。今の不漁要因を解消するのは容易ではなさそうだが、本音を言えば、少しの間、獲るのを我慢して資源が増えるのを待つというのが、サンマ復活を早める有効な策ではないかと思う。

第4章　絶品「大間まぐろ」に不正横行

■マグロが「クジラの二の舞い」となる危機も

サンマ同様、広い海域を泳ぎ回り、日本単独での資源管理が難しい魚がマグロである。「高度回遊性魚種」とされ、クロマグロ（本マグロ）を筆頭に、ミナミマグロ、メバチマグロ、キハダマグロ、ビンナガマグロなど、種類が多く、世界の海洋に分布している。

日本では古くから刺し身文化が定着し、世界一の消費国としてあらゆる海域でマグロを漁獲し、消費してきた。だが、近年は和食ブームにより、欧米や中国をはじめ、世界的に寿司人気が上昇しているため、各海域で国際的な地域漁業管理機関によるマグロ管理が進められている。

大西洋では「大西洋まぐろ類保存国際委員会」（ICCAT）による本マグロやメバチマグロなどを対象とした管理策が敷かれている。南半球を広く回遊するミナミマグロについては「みなみまぐろ保存委員会」（CCSBT）が管理措置を決定し、日本周辺水域を含む太平洋では、「中西部太平洋まぐろ類委員会」（WCPFC）が資源を守りつつ、漁業活動を継続できるよう、管理措置を図っている。

これまでマグロの国際規制策は、たびたび大きな問題として浮上してきた。かつて、日本などのマグロ漁業国が窮地に立たされたのは、「絶滅のおそれのある野生動植物の種の国際取引に関する条約」（ＣＩＴＥＳ、通称ワシントン条約）の締約国会議であっただろう。

１９９２年に京都で開催されたＣＩＴＥＳ締約国会議では、スウェーデンが本マグロの規制案として、西大西洋のマグロを「付属書Ⅰ」へ、東大西洋産は「付属書Ⅱ」へ掲載するよう求めた。最も厳しい規制である「付属書Ⅰ」への掲載が決まれば、「絶滅危惧種」として商業目的の国際取引が禁止されるため、「禁漁宣告」のような厳しい対応がなされることになる。

これに反発した日本政府は、過度な規制に異論を唱えつつも、国際管理機関（ＩＣＣＡＴ）での厳格な管理措置の導入などの条件を飲み、付属書掲載への危機を逃れた経緯がある。その後もたびたび、ＣＩＴＥＳ締約国会議でマグロ規制は議論されてきたが、日本をはじめとしたマグロ漁業国の働きかけで、商業捕鯨が禁止されている「クジラの二の舞い」は撥《は》ね除《の》けてきた。

マグロ類の利用は世界的に広がっているため、今後も、全面禁漁といった規制にまで及ぶことは考えにくいが、資源状況によっては欧米の環境保護団体の圧力による風当たりは強まるものとみられる。そうした事態を招かないよう、地域漁業管理機関での適正な資源評価と規制策が必要である。

■赤身もうまい大間のマグロ

日本のマグロで、「国産」「天然」「生」の「本マグロ」といえば、三拍子、いや四拍子揃った高級魚だ。そのうち、言わずと知れた「大間まぐろ」は文句なしの極上品である。かつての築地市場時代から、魚のプロたちのお墨付きを得て、高級寿司店へ直送されてきたことが、それを物語っている。

青森県の津軽海峡、大間沖で獲れるマグロは、極上のトロが取れることから、数十年前から築地で目立つ存在だった。大トロは当然だが、赤身もうまい。筆者はさかな記者になり立ての１９９０年代の前半、一度だけ大間のマグロの赤身をいただいたことがある。

築地市場の内外には、有名な寿司店が軒を連ねていたが、仕事の合間に寿司を食べることはほとんどなかった。その理由は、①店が混んでいる、②値段が高い、③仕事をほったらかして食事することなどできない、といったことが挙げられる。魚離れというわけではなく、食べ慣れていなかったから、寿司店に足が向かなかったというのが正直な話である。

ただ、大間のマグロの赤身を食べるチャンスは、あまりにも突然やってきた。市場内に

日本一のマグロと称される「大間まぐろ」

ある仕事場「時事通信・築地分室」に時折立ち寄るなじみの水産業者が試食させてくれたのだ。

当時から大間のマグロは、破格の競り値で取引されていたため、興味をそそられ、ありがたくいただいた。トロではなかったが、それが良かったのかもしれない。マグロを食べ慣れていない筆者が驚くうまさだったと記憶している。最初は「なんだ、赤身か……」といった印象だったのだが、1切れ口に運ぶと、それまで食べた記憶があるマグロの赤身とは全くの別モノで、馬刺しのような極上のうま味と上品な脂身が赤身のどこかに隠れていることを思わせる深い味わいだった。「これが大間のマグロなのか」と驚いたのを覚えている。

そんな特別感・高級感たっぷりの大間のマグ

ロだから、かつての初競りの勢いは凄まじいものがあった。

２０００年以降、築地、豊洲市場の初競りで落札価格が最も高かった「一番マグロ」は、２０１１年の北海道戸井産を除き、すべて大間産である。競り値は、２００１年に１本２０００万円を超え、２０１３年には１億５５４０万円と、初の１億円台に乗った。その後、豊洲へ移転したばかりの初競りでは、ご祝儀相場もさらにレベルアップして、史上最高の３億３３６０万円という伝説の競り値が付いた。

■大間で資源管理スリ抜け「脇売り」

そんな大間まぐろをめぐり信じられない事態が発生した。いわゆる、「脇売り」事件である。

この事件は、本マグロを漁獲したのに「獲っていなかったことにした」という、なんともセコいものだ。水産物でよくある産地偽装や、密漁といった重大な違反ではないが、資源管理の効果を相殺させることにもつながるだけに、決して許されない行為である。外国からマグロ管理の甘さについて非難の声が出てもおかしくないであろう。

日本一の本マグロ産地として、不動の地位を築き上げた青森・大間。最高級ブランドだけに、他のマグロ産地を代表して、厳格な資源管理のもとでマグロを水揚げ・出荷するのは当然なのだが、トップのおごりか、それとも油断なのか。資源管理を根本から否定するような事態が、マグロの一大産地で繰り広げられていたことになる。

事件が明らかになったのは２０２３年２月のことだ。大間町の水産業者２人が漁業法違反の容疑で逮捕された。２０２１年夏にこの業者が漁業者と共謀し、本マグロの漁獲量18トンを青森県の漁協に報告せず、流通させた疑いだった。この事案以外にも多くの大間産本マグロが、資源管理の規制から逃れ、県外に流れていたことが明らかになった。

漁業法違反の罪で起訴された水産業者２人は２０２３年７月、青森地裁でそれぞれ懲役４カ月、執行猶予３年の有罪判決（求刑懲役４カ月）が言い渡された。これに先立ち、３月には、水産業者のほか大間町などの漁業者二十数人が同法違反の罪で略式起訴されている。県警の調べでは、未報告のマグロについて１００トン近い量としていたが、そのうち取引伝票などで裏付けが取れた計73トン超が立件され、判決に盛り込まれた。１００キロ級の大型マグロに換算して、７００本以上がこっそり水揚げされて闇に消えていったことになる。

この事実を鑑みれば当然、管理体制の甘さは指摘されよう。漁獲報告を行わないのは、単なる失念では済まされない。業者の逮捕を受けて、野村哲郎農林水産大臣（当時）は２０２３年２月10日の会見で、「このような行為を防止するため、再発防止の管理ができるのか、今、検討している。（中略）今後、こういうことが横行していけば、国際的な信用を失っていく」と述べ、対応を急ぐ考えを示した。

日本周辺の本マグロ管理は、中西部太平洋まぐろ類委員会（ＷＣＰＦＣ）で資源評価のうえで各漁業国の漁獲枠を協議して決定している。大間での「脇売り」の実態が発覚する前の２０２１年12月のＷＣＰＦＣ年次会合では、それまでの管理策が奏功したとして、２０２２年の30キロ以上の大型本マグロについて、漁獲枠を２０２１年比で15％増とすることを決めた。この海域で増枠が決まったのは初めてで、「漁業者が大きな犠牲を払って資源管理に取り組んできた成果」（水産庁幹部）と振り返っていた。

同庁幹部がいう資源管理とは、マグロ資源の枯渇化を防ぐため、中長期的な視点で漁業国の漁獲可能量を設定したことだ。これに沿って本マグロを漁獲してきたことで実現した増枠であり、漁獲実績の正確な把握は管理上、必須となる。どれだけ獲ったのか曖昧なら、管理策の意味がない。しかも、きちんと漁獲データを報告し、管理策に従って本マグロを漁獲している他の漁師にとっては、許しがたいことであろう。

不正が明るみに出ると同時に、そうしたルール破りに対する厳格な管理や罰則の必要性を訴える声が高まってきた。魚の資源管理に詳しいある有識者は、「日本の漁港や漁協での魚の水揚げ管理は、現状ではないに等しい」と苦言を呈する。性善説に基づいたルール設定がこうした事態を招いた一因といった指摘である。

水産業者２人が逮捕される以前から、脇売りによる漁獲枠の超過は判明していたため、個人の特定を待たずに、国などは一定のペナルティーを科していた。

まず国が、青森県の２０２２年度の本マグロ漁獲枠から、前年度の超過分として16トンを差し引くことにした（マグロ漁獲枠の配分は、大規模漁船を除き、国が都道府県ごとに決定したうえで、都道府県が各漁協へ実績に応じて配分する。青森県の場合、県の枠の半分ほどを大間漁協が占めていた）。

だが、逮捕前の措置とはいえ、その後の裁判では約74トンの超過が認められているにもかかわらず、差し引く量が16トンとはどういうことなのか。そのカラクリは、青森県内の大間以外の漁協で自分たちの枠いっぱいまで獲りきれなかった地区があるからだという。そのため、差し引きすると県全体ではこの数字になるとされた。

しかも、減らされるのは大間漁協そのものの枠ではなく、青森県全体の枠に対してだった。大間漁協の削減量は、枠の比率に応じて改めて算出するというから、なんとも甘いペナルティーと言わざるを得ない。

これでは生温《なまぬる》いと感じたのか、大間漁協は２０２３年6月中旬、脇売りに関わった漁業者10人以上に対し、２週間の操業停止を命じたという。漁協としてのけじめとは言えるが、大間まぐろが高値で取引されるのは冬場であることを忘れてはいけない。豊洲市場のマグロ業者も、「この時季の操業停止は優しすぎる」と、首をかしげていた。

大間で脇売りが行われた要因かどうかは分からないが、大間港は、例えば同じ青森県の八戸港や宮城県の気仙沼港、塩釜港、千葉県の銚子港、和歌山県の勝浦港などとは異なる方法で漁獲物を出荷してきた。

他の漁港では、マグロを獲った船が帰港すると、併設されている卸売市場で即座に競りに掛けられ、産地の仲買人らの手に渡る。ところが大間港では、現地でマグロが競りに掛けられず、漁協などによって東京などの魚市場へ出荷される仕組みになっているのだ。

したがって、通常なら水揚げされたマグロの初値は漁港で付くことが多いが、大間の場合は主に豊洲などの大都市中央卸売市場で初めて、その価値が決定される。

大間の脇売りによる漁獲隠しについて、ブランドを共に育ててきた豊洲の業者の間では、さまざまな声が飛び交った。マグロ専門の仲卸は、「築地時代から、大間まぐろはわれわれ仲卸だけでなく、仕入れに来る寿司店をはじめとした料理店が慎重に目利きし、その結果、最高のマグロとして扱ってきた。そのブランド力を継続させるため、漁獲情報はきちんと報告し、管理すべきだ」（キタニ水産）と語気を強める。

別の仲卸からも「どんなマグロでも市場に入荷すれば、われわれはその質だけを見て、厳しく評価している。水揚げの事実を隠すようなことがあっても、われわれにはまったく分からない。世界的に環境問題への注目が高まるなかで、資源管理を無視することはあってはならない」といった厳しい声が出ている。

さらに、大間まぐろを長年扱ってきた渋谷区にある「おけいすし」の店主・鈴木正志氏は、「特に冬場の大間は絶品。日本一のマグロだから仕入れた時は、『大間まぐろ』のステッカーを店内の目立つところに張って、お客さんにお薦めしている。いいマグロを獲っているのだから、隠さず堂々と出荷してほしい」と話す。

ここ数年、初競りで大間の一番マグロを競り落としてきた仲卸「やま幸《ゆき》」の山口幸隆社長は、大間での漁獲管理に疑問を投げ掛ける一方で、漁師が置かれた状況に同情的な見方も示す。山口社長によると、大間漁協内で配分されるマグロの漁獲枠について「釣りや延《はえ》縄《なわ》といった漁法の間で、数量設定への不公平感が強い。ほかにも、２０２１年の暮れには豊洲で、大間産をはじめとした本マグロが多く上場され、相場が下がって漁師の実入りも少なかった」と語った。

マグロの漁獲隠しは、決して正当化できるものではないが、今後を見据えた前向きな考えを示す仲卸もいる。「鈴与」の生田與克《よしかつ》社長は、「この際、漁協サイドで資源管理の必要性を改めて共有して漁獲情報の管理を徹底化し、大間ブランドの維持へ向けて再出発を図ってほしい」とエールを送っている。

■「大間まぐろ」の定義を変更

大間の混乱のなかでもうひとつ不穏な動きがあった。こちらはルール違反ではないのだが、「大間まぐろ」のブランドを維持するうえで、本当に良い策なのか、と疑問視せざるを得ない大間漁協のルール変更である。

大間漁協は２０２２年11月、商標登録されている「大間まぐろ」の定義の緩和に踏み切った。「（津軽海峡の）大間沖で漁獲されるマグロ」を「大間の漁港に水揚げされ、荷受けされたマグロ」へと変更し、特許庁に再出願した。

このところ世間では、嘘やごまかしなど、不正に対する反応は厳しさを増している。まして や公設市場である豊洲では、そうしたよこしまな行為による魚の流通に対する警戒感、コンプライアンス意識は高い。

豊洲では、数年前から、「大間沖でなく青森県沖の太平洋で漁獲した本マグロに『大間まぐろ』のステッカーが張られて上場されていたが、あれはまずいんじゃないか？」といった声が出ていた。

そもそも魚の産地は、漁場がどこであれ、水揚げされた漁港名を表記するのが一般的なため、太平洋で獲れた本マグロを大間産とするのは問題ない。ただ、名高いブランドである「大間」だけに、当初の条件である「大間沖」に限定し続けることが望ましいようにも感じる。

サンマをはじめ、多くの魚の分布や回遊に変化が起こり、本マグロも津軽海峡を回遊せず、太平洋沖まで出漁せざるを得ないことがある。大間の漁師も、漁を継続させるには、大間沖にマグロがいなければ可能な範囲で漁場を変えて、漁獲しなければならない。

太平洋で獲れたマグロも大間で揚げれば「大間まぐろ」。大間漁協によると、商標条件の変更に伴う特許庁への再出願に対し、審査結果などはまだ出ていない（2023年11月上旬時点）というが、豊洲など、流通関係者へ変更手続き中であることを周知し、漁場などを明示して本マグロを出荷しているという。

日本一のマグロ産地としてのプライドを持ち、管理措置や流通ルールなどについて、むしろ率先した取り組みを行いながら、最高のマグロを漁獲し出荷してほしいと願うばかりだ。

第5章　ノルウェー産サーモン襲来

■地域色薄れどこでもサーモンづくし

魚の消費は近年、流通や冷凍技術の発展が大きく貢献し、地域差がなくなってきた。サーモンやマグロ、養殖ハマチのほか、そうした変化を実感するのはサンマだ。今でこそ、全国どこでも刺し身で食べられるようになったが、20年くらい前までなら、産地である北海道や三陸、常磐からほど近い地域でなければ、鮮度の問題で塩焼きしか食べられなかった。それが、遠く九州のスーパーでも、刺し身用のサンマが出回り、味わえるようになった。

ただ、サンマは十数年前まで、人気のベスト4に入っていたが、ここ数年は大不漁の影響で食べたくても値段が高く、しかも小ぶりなものしか売られていないため、人気は大幅にダウンしている。

魚の人気ランキングでは、マルハニチロが毎年公表している「回転寿司に関する消費者実態調査」が興味深い。2023年2月の全国調査によると、回転寿司で「最もよく食べるネタ」の1位は、12年連続でサーモンだった。2位がマグロの赤身、3位はハマチとブリ。水産白書と同様の結果だ。

ちなみに、サーモンを良く食べる理由は、「脂が程よく乗っていておいしい」、「炙りも生もおいしい」などである。確かに、産地や時期によって質がぶれる国産魚に比べて、ノルウェー産などの養殖サーモンは脂が乗っていて、しかも「炙り」や軍艦巻きなど、品数も豊富だ。都内の回転寿司で数えてみたら、７、８種類もサーモンのネタがメニューにあって、さすが人気のネタだと実感する。

日本はノルウェーからサーモンやサバを中心に、毎年10万トン以上の魚を輸入し、消費している。今では寿司人気を牽引する存在となったノルウェー産のサーモンは、マグロをしのぐほど売れている。

本章では、日本の老若男女がみんな大好きなノルウェー産のサーモンについて、普及の経緯を説明したい。なにしろ最初は意外と「鼻つまみ」のように、魚のプロたちからはそっぽを向かれていた時期もあったのだ。

もともと日本人はサケ類を生で食べる習慣がなく、少なくとも１９９０年くらいまでは、「サーモンの寿司」が好きで良く食べるという人は、ごく少数であったのは間違いない。

■ノルウェーで「サーモン不況」

ノルウェー産サーモンが日本で普及したのは、ここ20〜30年のことだ。筆者が子供のころには、たまにお目に掛かれる寿司のネタにサーモンはなかった。学生時代にも見た記憶はなく、恐らく社会人になってから、その存在を知ったように思う。しかし、当時は寿司ネタではなく、サラダ感覚のスモークサーモンが目立っていたような気がする。

それがしばらくすると、知らないうちに寿司ネタとして堂々とレギュラー入りしていた。「新人らしからぬルーキー」といった具合だろうか。どういうわけだか急にサーモンピンクが、これまでにない彩りで握り寿司のセットを一層華やかにしていた。

江戸前を起源とする「握り寿司」に、海外産の、それも新顔の養殖魚が仲間入りするのはそう簡単なことではない。江戸前には、国産・天然・近海の三拍子揃った「上物」が似合うはずだが、今では寿司桶の中央にドンと並べられ、みんなおいしく食べている。いったいなぜだろうか。

ノルウェー産サーモンを刺し身や寿司ネタとして日本に定着させたのは、ノルウェーの水産参事官として、在日ノルウェー大使館に勤務していたビョーン・エイリク・オルセン氏だった。「サーモン寿司の発明者」とも言われ、同国ではちょっとした有名人だ。

オルセン氏が１９９０年代初め、日本でサーモンを寿司ネタとして売り込もうとした背景には、同国でのサーモンの増産に伴う、３万５０００トンもの不良在庫があったという。供給過剰によるサーモン価格の暴落で、当時１０００ほどあった養殖業者の半分ほどが廃業してしまった。融資していた銀行まで破綻するほど、〝サーモン不況〟が深刻化していったのだ。

ノルウェーでは、魚の需要が旺盛な日本をターゲットに、１９８６年から「プロジェクト・ジャパン」と銘打って対日輸出を強化していた。当初はシシャモやシシャモの卵、エビなどを中心に、日本で積極的なＰＲを行いながら消費を喚起し、順調にノルウェー産水産物の売り込みが進められた。

このプロジェクトのメンバーでもあったオルセン氏は、シシャモなどに続いて、在庫がだぶついていたサーモンを日本へ売り込むことを考えた。その際の戦略が、その後のサーモン人気の大きな分かれ道となる。

オルセン氏は、サーモンを寿司ネタなど、刺し身限定の食材としてアピールすることに狙いを絞っていた。サケを大量に消費する日本だけに、グリルして焼きサケにし、朝ごはんで味噌汁、漬物などと一緒に食べてもらうほうが、大量消費への可能性が高そうだが、焼きサケ用の「切り身」とは完全に一線を画す考えだった。

その理由は、切り身用としてマーケットへ参入すれば、日本産の天然アキサケや養殖ギンザケなどと競合し、買い叩かれてしまうからである。在庫超過の状況とはいえ、既存の市場では、二束三文でさばかれることが予想されたため、避けたかったのだ。オルセン氏は、サーモンの寿司ネタとしてのポテンシャルの高さを、かなり以前から信じていたようだ。寿司ネタへのこだわりから、名称も「サケ」とはせず、「ノルウェーサーモン」として浸透させることにした。

寿司ネタとして、日本をターゲットにした刺し身用のマーケットと言えばマグロだ。当時、刺し身マーケットはマグロの独占状態で、価格帯は加熱用や焼き物とは雲泥の差があった。したがって、サーモンも寿司ネタとして日本で普及することができれば、魚価はマグロ同様にハイレベルで維持できると考えたのだ。

■ノルウェー産サーモンのサクセスストーリー

ただ、今から30年ほど前の日本で、サーモン寿司を普及させるには高い壁があった。オルセン氏はまず、築地のプロたちにプレゼンした際、彼らから「味がおかしい」、「見た目が好きじゃない」、「川の臭いがする」、「刺し身で食べることも含め、すべてダメ」、「日本では無理」と、あらゆる面で否定され、見事に門前払いにあったのだ。しかし、これで折れてしまっては切り身用でしか売れなくなってしまう。

オルセン氏が「サーモン寿司は絶対に日本でウケる」と感じていたのには、味に自信があっただけでなく、次のような理由があった。オルセン氏はこう語る。

「日本ではサケを生で食べないという固定観念があるが、ノルウェーのサーモンは年中、生産できるばかりか、寄生虫のアニサキスがおらず、安心して食べられる。『生食のサケ＝NG』という偏見さえ払拭できれば、きっと日本で受け入れられると思っていた。そのためには、輸入業者や卸会社、スーパー関係者、料理人、消費者それぞれの考え方を変えていくことが必要だった」

それでも、日本の食習慣を変えるのは容易ではなかった。最終的には、いわば「ダメ元」で、日本の関係者との商談に当たってきた、とオルセン氏は打ち明ける。多くのサーモン在庫を抱え、幾度となく寿司ネタとしてのサーモンの可能性を否定されたオルセン氏だが、決して単価の安い切り身用として「投げ売り」することはなかった。

実際に、日本のある水産会社が、サーモンを主に切り身の用途で販売するため、ノルウェー側に1万トン以上の取引を求めてきたことがあったが、オルセン氏はこれを拒否している。

そうしたなか、「プロジェクト・ジャパン」に協力していた日本人が、大手食品メーカーのニチレイ幹部とのパイプを持っていたことで商談にこぎつけ、1991年に約5000トンのサーモンを寿司ネタ、生食用として供給する取引契約を結ぶことに成功した。

これがきっかけとなり、ノルウェー産サーモンは寿司ネタとして日本でデビューを果たすことになる。バブル崩壊による、食品を含めた低価格志向から、日本では空前の回転寿司ブームが到来していた。そして、ノルウェー産サーモンの存在も少しずつ知られるようになっていく。オルセン氏は1995年、回転寿司チェーンで透明なプラスチックケースに入ったサーモン寿司を見て、大きな感激を覚えたという。

物事は最初が肝心だ。オルセン氏がサーモンを寿司ネタとして売るという考えを決して曲げずに貫いたことで、今のサーモン人気があると言っても過言ではない。魚の流通に詳しい水産アドバイザーはこう話す。

「ノルウェー産のサーモンが、『切り身』『塩サケ』用としてデビューしていたのなら、

サーモン寿司の生みの親、ビョーン・エイリク・オルセン氏

『刺し身もＯＫ』と付け加えたとしても、今ほど寿司ネタとして浸透せず、国産やチリなどの塩サケとの競争に負け、市場から消えていたかもしれない」

オルセン氏の粘り勝ちとなったわけだが、オルセン氏も「切り身か、寿司ネタか」で究極の判断を迫られた当時を振り返り、「非常に大きな賭けだった」と打ち明ける。

今では、サーモンは欧米やアジア諸国など世界中で消費されている。オルセン氏は、「寿司文化発祥の日本で、寿司ネタとして認められたことが、ノルウェー産サーモンがここまで愛されるようになった最大の要因である」と語っている。

■サーモンイクラも登場間近

ノルウェーの通商産業水産省所管の「ノルウェー水産物審議会」（NSC）によると、2021年の日本へのサーモン輸出量は、原魚に換算して約5万トン（輸出時に頭や内臓を除去するため）である。10年前に比べて5割増加し、過去最高となった。2022年はコロナ禍や、ロシア・ウクライナ情勢の混乱などを背景に約4万トンと減ったが、依然として高水準となっている。

かつて、築地市場のプロたちからダメ出しされた魚が、いまや「脂が乗っていておいしい」、「食べやすくハズレがない」（大手水産会社のアンケート）と絶賛され、回転寿司のネタで10年以上、一番人気の座を譲らない。世界一のマグロ消費国である日本で、その座を揺るがすほど消費され、回転寿司だけでなく、スーパーの魚売り場でも必ず売られている。北海道から沖縄まで、全国の料理店で提供される海鮮丼にもトッピングされ、不動の人気を築いた。

いま、ノルウェーでは年間150万トンほどのサーモンが養殖生産されている。南西部の沿岸だけでなく、北極圏で育つブランド魚「オーロラサーモン」の人気も浸透してきた。

さらに近年は、漁場環境の保全を視野に、沖合域での養殖も増えたほか、陸上養殖も進められている。

それだけではない。これまでなぜだか手が付けられてこなかった「ノルウェー産のサーモンイクラ」の生産についてもスタートさせたようだ。ある養殖業者は、これからの大規模な出荷も視野に、試行錯誤の段階だという。オルセン氏のサーモン寿司の可能性を信じた頑なな姿勢があったからこそ、こうした新たな動きが生まれたと言えるだろう。イクラも日本人は大好き。生産が軌道に乗れば今後、ノルウェー産サーモンの親子丼が食べられるようになるかもしれない。

■ベトナムが支えるサーモン寿司

サーモン寿司で、思い出したことがある。十数年前に取材でベトナムに行った際、海辺の観光地でもある「ニャチャン」の大きな水産加工場で、現地の若い女性たちがノルウェー産のサーモンを日本の回転寿司のネタ用に1貫ずつ切ったり炙ったりしていた。

彼女らはそれぞれ自転車やバイクで、遠い人だと片道1時間以上かけて通勤していた。手作業が多く、サーモンを切る際、重さが均等になるよう皆が競い合っていた。成績が良いと特別ボーナスが支給されるのだという。

現地は、それなりに蒸し暑かったような気がするが、当然、水産加工場の中は、ひんやりしていた。従業員は作業着で防寒しているようだったが、狭い室内で10代後半の女性たちが黙々と長時間にわたって作業している光景を見て、こうした労力のうえに、日本の回転寿司の100円ネタが成り立っているのだと知った。

加工場関係者から聞いた話では、仕事を辞めてしまう女性には、過酷な労働というよりも、12度ほどに設定されている室内の寒さに耐え切れない、と悲鳴を上げる人が多いのだとか。蒸し蒸しと暑い気候には慣れている半面、空調の利き過ぎは、慣れるまで時間がかかるようだった。

筆者は、ベトナム入りするまで、ノルウェーなどから輸入したサーモンを日本で寿司ネタ用に切ったり、炙ったりしているのだと思っていた。中国よりもコストの安いベトナムに日本の食文化の一端を支えてもらっている現実を知るとともに、それなりの衝撃を受けた瞬間であった。

余談になるが、ベトナムでは当時、日本のいわゆる「100均」の商品も多く製造していて、筆者が自宅で愛用していたビアジョッキと同じものが、ベトナムで作られていたことも知り、大変驚いた。「確かにあのジョッキが日本で作られていたら、100円で買えるわけはない」と、改めて思ったものだ。

第6章　美味しい魚をまずくする「流通」の問題

■冷蔵技術の発達で人気の魚に異変

寿司人気は高いものの、昭和の時代から低調に推移している日本の漁業生産。内外の水産資源管理の必要性が声高に叫ばれ、持続可能な漁業が必須となっているが、魚資源の減少と同時に特徴的なのは、日本人の魚消費が特定の種類に偏っている点であろう。

２０２３年６月に公表された２０２２年度の水産白書では、よく消費される生鮮魚介類の種類について、「平成２年（１９９０年）にはイカやエビが上位を占めていたが、近年は切り身の状態で売られることの多い、サケ、マグロ、及びブリが上位を占めるようになった」と分析している。ここでいう「サケ」とは、国産ではなく、大部分がチリ産やノルウェー産などの輸入ものである可能性が高い。

一方、人気の魚が変化しているだけでなく、水産白書では魚食の地域差についても触れて、次のように解説している。

「かつては、地域ごとの生鮮魚介類の消費の中心は、その地域で獲れるものだったが、流通や冷蔵技術の発達により、以前はサケ、マグロ及びブリがあまり流通していなかった地域でも購入しやすくなったことや、調理しやすい形態で購入できる魚種の需要が高まったこと等により、これらの魚が全国的に消費されるようになっている」魚食の地域色が薄れてきた背景のひとつに、街の魚屋さんが姿を消していく一方で、スーパーで魚を買う機会が増えていることが挙げられる。

商店街などの魚屋さんに関する詳しいデータはないが、商業統計などによると、ここ40年くらいの間に、小規模な鮮魚店は全国で控えめに見積もっても3分の1以下に減っているとみられている。

一方、農林水産省などの調査では、消費者の魚の購入先が「街の魚屋さん」ではなく、7割以上がスーパーなどの大型店となっている。魚の購入時には、店頭でパック売りの商品を眺めながら品定めする機会が増えている。

実際にスーパーの冷蔵ショーケースをのぞいてみると、朝食などで食べる「焼きサケ」用にはチリ産のギンザケ、刺し身や寿司ネタ用では、お馴染みのノルウェー産のサーモンが全国的に人気となっている。マグロなら、スーパーでは内外産の冷凍メバチマグロが扱いの主流だ。ブリについては天然物もたくさん流通しているものの、国産養殖魚の代表である養殖ハマチにいたっては、刺し身や加熱用の切り身として年中販売されているため、地域に関係なく、いつでもどこでも食べられるようになっている。

■海鮮丼、どこで食べても同じ？

水産庁の指摘通り、流通・冷蔵技術の進歩により、日本で食べられる魚に地域差がなくなったことは、一見喜ばしいことのように思われる。だが、少々寂しい面もあると感じる人は少なくないのではないか。

その典型が全国津々浦々に点在している漁港周辺の魚食にある。近年、特に実感するのが、「海鮮丼、日本全国どこで食べても、みな同じ」という傾向だ。少々、極論に聞こえるかもしれないが、あながち嘘とは言い切れない。

新型コロナウイルス感染症が終息したわけではないものの、行動制限がなくなった今、各地で人出が増え、地域自慢の「食」を堪能したいというのは、旅行者共通の楽しみだ。海辺に行けば、新鮮な魚介に舌鼓を打ちたいと思うのは、きっとインバウンドも同じであろう。

筆者はさかな記者として時折、各地の有名な漁港や併設されている水産卸売場などに行く機会があるのだが、旅先（取材先）である漁港周辺の和食店で食べる海鮮丼は、マグロ、ホタテ、イクラ、エビ、サーモン、イカなどのネタが多い。バリエーションはいくつかあ

激動する世界と未来を見通すための1冊
文藝春秋
BUNGEISHUNJU OPINION
オピニオン
いま知っておくべき
論点を1テーマにつき
見開きで専門家が
コンパクトに解説。
文春ムック
2024年の
論点
RONTEN
100
戦争が続き、AIが台頭するなかで、
世界的に選挙イヤーを迎える。
我々の未来はどこに向かうのか？
新たな知見と判断材料を提示する。
好評発売中
本体1700円＋税
A5判
272ページ

るにせよ、メニューを見ると、これら色とりどりの魚介の写真が「お薦め」といわんばかりに目に飛び込んでくる。

前出のネタをみると、マグロやホタテをはじめ、国産・輸入、天然・養殖はそれぞれあるが、中心は冷凍ものだ。サーモンは近年、国内各地の「ご当地サーモン」を使う場合もありそうだが、基本的にはノルウェーやチリからの輸入ものが大半を占めている。つまり、人気のネタはどの地域でも入手が可能で、いつでも定番メニューとして、写真入りで客にアピールできるというわけだ。

筆者としては、海鮮丼がどこも似たようなネタになりがちなのは、決して珍しいことだと感じていない。その理由は、地元の魚だけでは客を喜ばすことができないと、以前から知っているからだ。地魚ばかりでは、見た目と安定感が人気の冷凍魚介と比べ、劣ってしまうようだ。

筆者が勤務する時事通信社の本社（中央区銀座5丁目）とは目と鼻の先にある築地場外市場の案内所「ぷらっと築地」のスタッフから、海鮮丼に関する興味深い話を聞いた。そのスタッフは数年前、海の幸が豊かな神奈川県三浦半島の金田湾に面した漁港に足を運んだ際、「地魚海鮮丼」を食べたという。アジやイワシ、カマス、サヨリといった、地元で揚がったばかりの魚が丼の上いっぱいに盛られ、おいしくいただいたそうだ。値段も１０００円ほどとリーズナブルで、大満足だったという。

ところが、食べ終わって周囲を見ると、他の観光客の丼はピンクやオレンジの綺麗な色合いだった。スマートフォンで撮影しつつ食べているのは、多くがイクラやサーモン、エビなどが入ったカラフルな海鮮丼。これに対し、地魚丼の方は「全体に白っぽく、地魚だけの丼は意外に受けが悪いんだなあ」と感じたという。

このスタッフは築地場外市場でも、同様の傾向があることに気付いた。築地は漁港ではないから当然かもしれないが、それでもやはり海鮮丼は「似たり寄ったり」、みな同じようなものだ。

なかには、このスタッフのように「青魚」中心で、豊洲市場直送の海鮮丼を好む人もいるのではないかと思うが、あまり目立たない。マグロ丼やウニ・イクラ丼といったように、特定のネタのみを盛った丼があるほか、これらのネタをちりばめた同じようなラインナップばかりである。写真入りでメニューの派手さや豪快な盛り付けをＰＲする例もあるが、ネタの種類に大差はない。

なぜ、海鮮丼はみな同じなのか。

どこも似たり寄ったりの海鮮丼

豊洲市場で鮮魚を扱う競り人によれば、「人気の海鮮丼のネタは北海道や三陸産を中心に、サーモンなど輸入魚も多い。5～6種類のネタのうち、前浜（近隣漁港）の魚はせいぜい1、2種類ではないか」という。

地魚中心では客が求める海鮮丼を作るのは難しい。色合いだけでなく、他の理由として魚種や値段の固定が難しいことも挙げられる。前浜の魚中心では、日ごとに魚種や相場が変わるため、安定感がない。海が時《し》化《け》れば、水揚げが途切れるため、魚価が上昇するし、場合によっては仕入れられないこともある。こうしたことから、前もって調達が可能で、色合い鮮やかな輸入ものの冷凍魚や、養殖魚などを使って固定のメニューに掲げ、PRすることになる。

さらに、たとえインパクトのあるメニューを載せても、それと同じ丼を出さなければ「これ、メニューの写真と違うな」と、客をがっかりさせてしまうばかりか、即座にSNSで拡散されては店側も困ってしまう。したがって、どこでもありがちな丼をメニューの中心にすることで「客も店もハッピー」というわけだ。

もちろん、「海鮮丼、日本全国どこで食べても、みな同じ」とは、すべてがそうであるわけではない。築地のスタッフが金田漁港で堪能したように、自慢の地魚を使ったおいしい丼も各地で提供されていることは間違いない。しかし、本書を書くにあたって沖縄・宮古島の知り合いに相談した際、「沖縄でもイクラやサーモンなどが乗った海鮮丼は、やはり人気ですよ」といった反応を聞き、「やはりみな同じようなものなんだ」と改めて思い至った。

■東京で食べる魚はなぜおいしくないのか

海鮮丼については、全国的な傾向として考察したが、それとは別に、東京で販売・消費される魚の種類が限定的になっていることから、「そう感じるのも無理はない」と思ったことがある。何かと言うと、地方から上京してきた若者の多くが「東京の魚はおいしくない」とこぼすことである。

海鮮丼同様に、この話も「東京の魚すべて」というわけではない。しかし、確かにそのように言われても仕方がない要素があるため、ここで紹介したい。

日本の首都・東京都には、伊豆諸島を除けば魚がまとまって揚がる漁港はない。ところが、世界に冠たる魚市場「豊洲市場」がある。２０１８年10月に築地から移転した、魚食文化の象徴ともいうべき魚流通の一大拠点だ。

２０２２年の水産物の取扱量は約31万トンで、日本の海産天然魚の漁獲量の１割以上を占め、鮮魚は５００種類以上、金額にして４２３１億円というまさにマンモス魚市場である。豊洲に程近い場所には、築地場外市場が今も繁栄を続けている。ここから東京・丸の内や銀座、新橋、新宿、渋谷など、賑わい続ける駅周辺の名店に魚が送り出される。さらに、都内のデパ地下などでも高級魚介が販売され、台東区の「アメ横」商店街ではリーズナブルな水産物が売られている。

なぜその東京で、「魚がおいしくない」、あるいは、「まずい」と言われてしまうのだろうか。

その理由は普段の生活にある。上京してきた若者たちが口にするのは、身近な場所で買える魚だ。つまり、日常の買い物で足を運ぶスーパーなどの魚に向けられた不満である。

いわゆる「街の魚屋さん」が姿を消し続ける今、「魚でも食べようか」と立ち寄る都内のスーパーの鮮魚コーナーには、1匹「丸の魚」はあまり置かれていない。種類も少なく、そのときたくさん揚がった鮮度がよく安い魚もほとんど見かけない。そのうえ、「消費者が調理の手間やゴミを嫌って、そのまま魚を並べても買ってくれないから、頭や内臓、時には骨まで取って店頭に並べなければならないため、その分のコストもあって売価は上がってしまう」と、大手スーパーのバイヤーは言う。

刺し身の盛り合わせや、握り寿司といった加工品は比較的どこも充実した品揃えだが、地方の「道の駅」で見かけるような、漁港直送のいかにも『安くてうまい魚』は、都内ではあまり手に入らない。したがって、上京してきた若者からすれば、日常の買い物で「東京の魚はおいしくない」という印象が強まってしまうのであろう。

■「魚より肉」

日本は世界トップレベルの長寿国と言われる。世界保健機関（WHO）が2023年5月に発表したデータによれば、日本人の平均寿命は84・3歳だった。スイスや韓国、シンガポールなどを抑えて世界1位で、今後も、さらに寿命は延びていくものとみられている。

医療の高度化に加え、魚食を中心とした和食による低脂肪・低カロリーでバランスの良い食生活が、日本人の長寿を支えてきた。

こうした健康的な「和食」は、２０１３年にユネスコの無形文化遺産に登録され、世界的な注目を集めている。ただ、和食の代表格である「魚食」は残念ながら、いま相当な憂き目にあっていると言わざるを得ない。「魚より肉」といった消費傾向が定着し、若者を中心としたいわゆる「魚離れ」が言われて久しい。ポピュラーな魚料理だけでなく、地域自慢の郷土料理にも貢献してきた魚介類は、日本人の食生活から次第に遠ざかっている。

まず、日本人の水産物の消費量だが、緩やかな減少傾向を示している。農林水産省の食料需給表をみると、魚介類の年間１人当たりの消費量は、２００１年度の40・２キログラムがピークで、２０１１年度に肉の消費が魚の消費を上回り、それ以降、その差は拡大している。

世界一の長寿国として、日本人がたくさん魚を食べてきたことは間違いないが、今から十数年前、遂《つい》に肉に抜かれてしまったのだ。これは漁業・水産業界にとって、大変ショッキングなデータであり、この時点から魚の供給サイドには、「消費者は魚を食べない。買わない」というネガティブな印象が根付いてしまったようだ。

「魚離れ」は若い世代だけではなくなっていることも見逃せない。かつては、若い頃は肉を好んで食べ、歳を重ねると魚料理を好むようになる「魚食回帰」の傾向があったが、近年は歳を重ねても引き続き「魚より肉」という志向が強いと、国なども指摘している。

50代半ばの筆者のように、子供のころは肉料理がご馳走で魚中心の食生活を送ってきた世代については、魚食回帰が期待できるものの、肉料理が当たり前で魚料理を敬遠し続けてきた40代以下の世代では、歳を重ねても通常の食生活で魚を選ばない傾向があるようだ。

それではなぜ、肉料理を好み、魚を食べなくなったのか。世界的な健康志向に伴う和食ブームとは裏腹に、簡単に考えれば、食の欧米化、もしくは多様化を背景として、相対的に魚食の頻度が減っていったことが挙げられる。

農林水産省の「食料・農業及び水産業に関する意識・意向調査」（２０１９年12月～２０２０年1月実施、消費者モニター９８７人、回収率90・７％）によると、「魚介類をあまり購入しない理由」として挙げられたのは、「肉類を家族が求めるから」が45・９％で最も多く、次いで「魚介類は価格が高いから」が42・１％だった。このほか、「魚介類は調理が面倒だから」（38％）、「肉類の方が魚介類より美味しいから」（29・２％）、「食べたい魚介類が売っていないから」（16・７％）、「魚介類の調理方法を知らないから」（10・８％）などとなっている。

魚を買わず、調理しなくなった理由は、肉料理と比較すれば、簡単に説明が付く。魚料理はいろいろなバリエーションがあるとはいえ、下処理などを含めると面倒な印象が付きまとうだろう。また、仮に1匹丸ごと扱うなら、さばき方などを心得ておかなければ、すぐに調理に入るのは難しい。

さらに、魚の丸（塩）焼きなら簡単かもしれないが、それでも煙が出たり、グリルが汚れたりと家で調理するにはハードルが高くなってしまう。塩焼きなら、大根おろしも付けたいが少し面倒に感じる。塩焼きだけでは何か物足りない気もして、気の利いた小鉢を2品ほど用意しようか、などと考えれば、もうやめたくなってしまう。一方、肉料理はほとんど下処理が必要なく、手軽にボリュームがあるメインのおかずを作ることができる。個人差はあるだろうが、簡単に言えばそんな理由で「魚より肉」といった傾向が強まっているのではないか。

また、店で食べるメニューに関し、魚を選ばない理由の一つに、魚2品の組み合わせが少ないことも挙げられるのではないか。例えば「マグロ刺しとアジの開き」、「アジの南蛮漬けとサバの味噌煮」といった組み合わせは、値段が高くなるせいなのか、店ではあまり見かけない。

これに対して肉は、ハンバーグ＆生姜焼きのセットや、唐揚げ＆メンチカツなど、夢のような組み合わせのメニューを多くの店が出していて、食いしん坊にはたまらない。このように肉料理との違いを列記すれば、魚食が減った理由を簡単に説明できる。

ただ、肉料理との違い以外に、魚食自体が衰退せざるを得なかった事情もあるのではないだろうか。それは、魚の売られ方の変化だ。これまでにも専門家の間で指摘されてきたが、魚離れの要因として、購入先の中心であるスーパーでの品揃えや販売方法が挙げられる。少しでも安く、おいしい魚介類をいつでも安定的に供給しようという営業努力の結果であることは間違いないが、それでも街の魚屋さんとの違いは大きい。

次節からは、街の魚屋さんとスーパーの違いについて考えていきたい。

■街の魚屋さんの消滅とスーパーの「4T」縛り

かつて昭和の時代、街の魚屋さんに立ち寄ってしばらく魚を見ていると、店主があれこれと声を掛けてくれた。簡単な調理法や食べ方、余った場合は味噌汁に入れたらよいとか、塩を振って冷蔵庫に入れておけば2、3日は食べられるとか、そんな一言、二言が参考になった。

試してみておいしかったから、次に店に行った時にお礼を言うと、それに気を良くした店主が、得意げにまた新しい食べ方などを親切に教えてくれた、という経験がある人も少なくないのではないか。何気ない夕方のやりとりであり、それが魚を買うときの当たり前の風景だったように思う。

しかし、そうした日常はもう見当たらない。高度成長期から、都市部を中心に全国でスーパーが乱立するようになり、特に１９７０年代からはチェーン展開する大規模店が増え、生鮮三品と言われる魚、肉、野菜の流通も飛躍的に効率化された。スーパー各社のバイヤーは、それぞれ独自の仕入れや配送ルートなどを確立していったのだ。

生鮮品のほか、生活に必要なモノは、１カ所で何でも揃う。時間に追われがちな都市部などの住民にとって、安定した品揃えと安さを武器にしたスーパーは生活に欠かせない場所となった。その代わりに、徐々に姿を消していったのが、街の魚屋さんだ。

スーパーが、旬の魚などの種類を豊富に用意しても、消費者はどれを買えばいいのかすぐに判断できないし、便利であることが売りのスーパーだけに、調理に手間がかかる魚なら、なおさら手に取ってくれないだろう。

なにしろスーパーの鮮魚コーナーは、街の魚屋さんとは正反対なのだ。特売や実演販売でない限り、店員は品出しの時以外、たいていバックヤードに入っていて姿を見せない。品出しの時でも商品を並べたら、忙しそうにまたバックヤードに入ってしまうため、よほどのことでもないと声を掛けられない。街の魚屋さんのようにアドバイスをくれる人はそこにはいないのだ。

さらに、無人で販売するのに加え、手間を掛けたくないという消費者の要望にこたえるために簡単・便利な商品提供が求められるから、魚の頭や内臓を取り除いたり、場合によっては調理済みの商品を販売したりする例も増えた。週末などには、魚そのものよりも握り寿司や巻き寿司、刺し身の盛り合わせをはじめ、パックを開けたらすぐ食べられる商品を中心に販売する店も多い。

こうしたスーパーの品揃えの基本は、いつでも同じ４つの定（Ｔ）「４Ｔ」を重視する傾向がある。「４Ｔ」とは、一定の「価格」、「量」、「規格」、「品質」を指す。このうち価格は「安さ」が基本となる。４Ｔが維持されていれば、買い物客にとってもすばやく目的の商品をかごに入れることができて、店にとっても都合が良いわけだ。逆に言えば、４Ｔがブレてしまう店は安定感に欠けて、不人気ということになる。なにしろ、「この前買って食べた〇〇、今日はないの？」と聞ける店員は、そばにいない。

そうした４Ｔ重視の魚販売が、どのような結果をもたらすか。

大手スーパーの水産担当として、チーフバイヤーも含め40年にわたって魚の仕入れや販売に携わってきた、現・魚食普及推進アドバイザーの小谷一彦氏が、「スーパーの魚販売が消費者の魚離れと大きく関わってきたことは間違いない」と、その経緯を詳しく語ってくれた。

小谷フードビジネスの代表でもある小谷氏は現在、食品スーパーや水産加工業者のコンサルティングをしながら、水産庁長官任命の「お魚かたりべ」などとして、魚食文化の普及・伝承に力を注ぐ、「魚のご意見番」として活躍している。

小谷氏は、かつてバイヤー時代に、４Ｔを追求しながら、魚販売のさまざまな矛盾を目の当たりにしてきた。特に２０００年ごろからは、デフレ経済の長期化で魚の値段もご多分に漏れず、「とにかく安く」が最優先された。

今とは違い、サンマは毎年豊漁で、ウナギも流通量が豊富だったりと、まさに買い手市場だったことも手伝って、サンマは１匹１００円ほどで売っていたし、「うな丼」はワンコイン（５００円）の店が街に出現し、大きな話題となっていた。

そんな「安い」が当たり前の時代、小谷氏は日本全国の漁港に足を運びながら、より安く売れる魚を求めて産地関係者との商談に当たっていた。例えば「サンマのシーズンになれば、すぐさま北海道の漁港に行き、他のスーパーより1円でも安く初物を売るために交渉した」（小谷氏）という。

　小谷氏の仕事はそれだけで終わらない。消費者として他のスーパーに問い合わせ、次回の特売価格を聞き出すと、それより安い価格で特売を実施するなど、値下げ合戦はエスカレートしていった。

　産地サイドでも、豊漁のサンマを大量に仕入れてくれるスーパーは貴重だったに違いない。初物を多少安く売ったとしても、その先、数カ月続くシーズン中の取引を考えればありがたい存在であろう。

　秋以降は、冬にかけてのサケ、年末年始はカニやイクラ、マグロ、春になれば、初ガツオやホタルイカ、といった旬の魚介をできるだけ安く、4Tの既定路線を維持しながら、消費者に届けようと日々努力していた。

　そうした小売りサイドにおけるコスパの追求は、消費者にとって非常にありがたく、スーパーは生活応援団のような存在になったわけだが、長い目で見れば自分たちが「足を掬《すく》われかねない状況だった」と、小谷氏は振り返る。

小谷氏が安売りの危険性に気付かされたのは、今から16、17年前のことだ。水産加工品の消費喚起を模索する加工品メーカーとの意見交換の場だったという。

小谷氏は、水産コーナーの売り上げが伸び悩むなか、メーカー側から率直な考えを聞いた。すると、メーカー関係者から間髪入れずに、「小谷さんが一番お分かりでしょう？」と鋭い指摘をされて、言葉を失ったのだという。

鮮魚とともに、水産コーナーには欠かせない魚の干物やかまぼこ、ちくわなどの練り製品をはじめとする加工品も値下げ競争が激しくなるなかで、当時、小谷氏は１枚１２０～１３０円で販売していたアジの開きを「さらに安く」と一定期間、１枚１００円で特売した。しかし、その後、通常の売価に戻すのをためらって常時１００円に据え置いた。「ほぼ原価でアジの開きを売らなければならなくなった」という。

一方、干物（開き）は、アジ以外にも数種あり、例えば1枚数百円でキンメダイやノドグロといった高級魚の干物も扱っていた。だが、安売りのアジと比較して売れ行きがさえないとあって、次第に冷蔵ショーケースから外されるようになっていった。

さらに、１枚１００円のアジの開きとは別の、質の高い（つまり、脂が乗っていてよりおいしい）アジの開きも仕入れ対象外になった。

小谷氏は、「安い干物ばかりを選んで売り場に並べた結果、消費者からみれば選択の余地がなくなったばかりか、干物のおいしさを感じてもらいにくくしてしまった」と語る。

水産加工品メーカーとの意見交換で小谷氏は、そんな安売りの落とし穴を痛感したが、その後も４Ｔの壁が立ちはだかり、バラエティーに富んだ品揃えに移行するのは難しかったようだ。

消費者にとっては、たまにはちょっと値の張る、よりおいしい魚が食べたいと思うこともあるが、売り場から姿を消せば買いたくても買えない。極端にいえば、「焼いたらパサパサのアジの開き」しか、買えなくなってしまったということだ。加工品メーカーの指摘は、そんな安さ一辺倒の販売に苦言を呈するものだった。

スーパーでの安い魚のパック売りに関し、「それも必然、仕方ない」と思われる面もある。商品を選ぶ際、商品そのものとともに、パックに記載されている値段や重量などが「買うか、買わぬか」の判断材料になるわけで、魚は調理の面倒もあるだけに、肉などと比較して「安い」と思わせなければ買ってもらえない。しかも、見ただけではアジの開きの脂の乗りまでは分からないから、安さが重視されやすい。

もう1点指摘しておきたい。仮にA・B、2種類あるなかで、店員から「ちょっと高いけど、Bの方が脂の乗りが良くておいしいよ」などと言われたら、どうだろう。Bを試してみて、もし本当においしかったら、AとBを食べ比べしていなくても、次の来店時に「この間のB、ぜんぜん違いますね。おいしかったです」などと伝えるのではないか。

魚パックだけを見て買うのではなく、時には本職の人からの情報を参考に「そう言うなら、高くても買ってみるか」と思う消費者は多いはずだ。試してみてだめなら、「いや、それほどでもなかったです」と、次は安い方を買うことになるが、いずれにせよ、今のスーパーでは、そうしたやりとりはできない。選択の余地がないから、どっちの商品かで迷うのではなく、魚そのものを買うか買わぬかの2択になり、「買わない」方を選ぶことが増えたのではないか。

■おいしくない魚がスーパーに並ぶわけ

4T重視のスーパーの魚売り場が全国に広がると、どうなるか。今、全国規模のスーパーでは、地域をいくつかのブロックに分け、それぞれの店舗には共通の配送センターから魚を運ぶケースが多い。仕入れにブロックごとの差はあるにせよ、似たような魚が送られることが多くなるのは想像が付くだろう。その結果、地元で獲れた魚が食べられない、という状況が起こっている。

　いくつかの漁港へ取材に行った際、そこで揚がった魚が地元のスーパーでは売っていないことが多々あることがわかった。もちろん、小規模な魚屋さんなら地元依存度が高いから、仕入れは近くの漁港で揚がった魚だが、スーパーは大規模になればなるほど、配送センターからの供給だ。地元の小さな漁港とはパイプすらないから、すぐそばで獲れた魚は、スーパーでは買えない。おまけに地方でも、街の魚屋さんは減っているため、そうした状況は全国的な現象と言えるだろう。残念な気がしてならない。

　さらに、先ほどのアジの開きで言えば、１枚１００円の商品を優先した結果、高いアジの開きは大量販売の道を断たれてしまっている。最近では、スーパーに加えて、ホテルの朝ごはん用のビュッフェで出されるアジの開きも、小型で安いものが売れるのだという。安さだけでなく、手間を加えて骨を取り除いた食べやすいアジが人気になっている。

　では、そうしたニーズに合わせて生産を続けたらどうなるか。

「安かろう、まずかろう」というのは言い過ぎかもしれないが、安いアジの開きばかりが取引されるようになれば、原料や製法にこだわりを持って、うまい干物を作ろうとする加工業者は、取り残されていくだろう。何年も前から、こういった話を静岡県沼津市の水産加工メーカー「五十嵐水産」の五十嵐崇光社長としてきたのだが、相当やりきれない思いでいる。

アジに限らず、干物の消費が減っていることや、原料コストなどが高騰していることもあり、五十嵐社長は、「二十数年前に沼津界隈で250軒ほどあったアジなどの加工屋さんはいま、50～60軒に減った。まったく寂しいもんだよ」と嘆いていた。

こうしたなか、筆者がかなり以前から気になっているのは、「それほど高いわけではないのに、なぜこれがスーパーで買えないの？」と疑問視せざるを得ないケースだ。

それは、上京してきた若者が「東京の魚はおいしくない」と感じることと共通するものだ。代表的なのはマグロであろう。この点について、小谷氏が詳しく教えてくれた。

まず、築地時代から現在の豊洲市場も含めて、市場関係者は「スーパーのマグロはおいしくない」と口を揃える。もちろん、「豊洲の上マグロと比べたらダメ」という意見もあるだろうが、スーパーのマグロの品揃えには限界があり、東京を含め、比較的どの店も似たような仕入れにならざるを得ないというのだ。

小谷氏によると、スーパーのマグロと言えば「冷凍のメバチマグロ」だ。生マグロでは、水揚げ量や魚市場での相場が不安定なため、冷凍ものがスーパーの品揃えには欠かせない。

メバチマグロは、マグロ類の中ではキハダマグロに次いで漁獲量が多く、本マグロ（クロマグロ）より値段が安い。スーパーなどの刺し身用としてポピュラーなマグロであり、単に「マグロ」と言えば、メバチを指すといってもいいくらい普及している（ちなみに豊洲で「マグロ」と言ったら、本マグロのことである）。

冷凍のメバチマグロは、他のマグロ類同様に、大型になるほど脂が乗っている。豊洲などの魚市場では、概ね50キロを超える「大バチ」と、30キロ以上の「中バチ」に分類されるが、当然、中バチよりも大バチの方が脂の乗りが良く値が張るため、スーパーが扱うのはほとんどが「中バチ」だ。

小谷氏は、「店頭で安さをアピールし、商品を手に取ってかごに入れてもらうためには、少々高いが脂の乗った大バチを仕入れようというわけにはいかない」と話す。しかも、パックに入れられたメバチマグロは、「客がパッと見て、脂の乗りを判断できるわけではないから、余計に安さ重視になる。中バチばかりを扱うことになってしまう」というのだ。

最近では、大きな切り身状になっているマグロの「さく」のほか、薄く切り分けられ、大葉やツマ、わさびなどが付いている、パックを開けたらそのまま食べられる刺し身盛り合わせなどの商品も多い。その分のコストを含めてできるだけ安く商品提供することを考えると、どうしてもマグロは原価の安い「中バチ」に限定されてしまう傾向がある。

アジの開きと同じように、スーパーの店頭では、「ちょっと高いけど、こちら（大バチ）の方が、脂の乗りが良くておいしいよ」と言ってくれる店員はいないから、なおさら中バチばかりを仕入れるようになっている。

スーパーも利益を追求しなければならないため、売れ行きを重視するのは当然のことだ。４Ｔの基本路線も、消費者にとってメリットのある品揃えであることは間違いない。ただ、その結果として小谷氏は、「おいしいとは思えない魚ばかりが売り場に並び、魚離れに拍車をかけてしまった」と振り返る。

安さに加えてスーパーでは、４Ｔ路線に沿って流通量が安定している魚を選ぶ。したがって、生より冷凍もの、天然ものより養殖ものを扱う傾向がある（ただ、マグロの場合は、流通主体のメバチマグロは養殖ものが生産されておらず、大半が天然の冷凍メバチだ）。

ちなみに、刺し身用では、ノルウェー産やチリ産の養殖サーモンが人気で、日本産のサケが生食に向かないことからも、ほとんどが外国産である。国産の魚としては、ブリやタイ、カキなども養殖ものが中心だ。外国産も含めて、こうした養殖魚が幅を利かせていることで、余計に「地元で獲れる天然魚がスーパーで買えない」といった傾向に拍車が掛かっている。

そうしたスーパーの品揃えをきっかけに、今、日本の食卓が少々寂しい状況となっている。それは「日本の朝食から天然の国産ものが消えている」という信じられない現象だ。

■焼きサケ、アジの開き、カツオ節も外国産

朝食は、トーストにハムエッグ、グラノーラにヨーグルト……、あるいは忙しくてフレッシュジュースかコーヒーだけで済ませる人もいるだろう。しかし、日本の朝食と言えば、やはり白いごはんに味噌汁、目玉焼きに焼き魚、漬物などをイメージする。近年はそうした日本の朝ごはんのおかずにも、気付けば次第に外国産の食材が台頭している。

ごはんや目玉焼き、焼ノリ、おしんこなどは、朝ごはんの定番だけに、国産の食材を使うことが多いが、水産物に関しては外国産がじわじわと浸透しているのだ。よく、「一汁三菜」と言われるが、主食であるごはんと味噌汁（一汁）に合わせる3つのおかず（三菜）の中でも、朝食の焼き魚の代表格・焼きサケについては、かなり以前から、南米・チリで養殖されるギンザケが日本の食卓に上り続けている。

豊洲市場などでは「チリギン」と呼ばれ、かなりポピュラーな魚で比較的値段も安い。かつては多くのスーパーが「１切れ１００円」の特売などを頻繁に行い、庶民の強い味方となってきた。

このところ、国産サケは不漁が影響して仕入れにくい状況になっていると思われるかもしれないが、チリギンは最近になって登場した代用品ではない。中堅スーパーのバイヤーはこう語る。

「数十年前から塩サケといえばチリギン。国産を店頭に並べるのは全体の２～３割ではないか。これまで秋・冬には国産のサケを扱うことが多かったものの、近年の不漁で年間を通じて、切り身のサケと言えばチリギンが主体となっている」

日本で焼きサケに使う魚と言えば、北海道などの漁港で水揚げされるアキサケをイメージする。しかし、実はスーパーなどで売られる家庭用のリケは大半がチリギンである。飲食チェーンなどで、朝食のメニューとなっている焼きサケもチリギンが少なくないようだ。

日本のサケは寄生虫の危険性から生では食べられないため、回転寿司などが安全な輸入サーモンを使うのは理解できる。ところが、朝ごはんのおかずになる焼きサケまでもが、遠く南米からやってきた冷凍もののギンザケであるというのは、少々残念な気がしないでもない。

続いて、こちらも朝ごはんにぴったりの「アジの開き」。海辺の観光地などに行くと、店先に開き干しの魚を見かけることがあるため、いかにも地元の魚を加工してうま味をたっぷり引き出した干物が流通しているイメージが強い。しかし、その地域のスーパーなどで売られていたり、ホテルのビュッフェなどで提供されたりするアジの開きは、地元産を中心とした国産が原料とは限らない。

アジの干物の名産地である静岡県沼津市の水産加工品メーカー「五十嵐水産」によると、かつては地元で獲れたアジを原料に干物を作っていたのだが、数十年前から地元でアジがあまり揚がらなくなってきた。そのため、「長崎・五島産などに原料を切り替えたが、そこでも干物に向くアジが少なくなり、今は韓国産やオランダ産、アイルランド産などのアジを使うことが増えてきた」（五十嵐崇光社長）という。

五十嵐社長によると、魚の干物を作る加工品メーカーは、こうした状況をあまり表に出したがらない。干物商品のパッケージには加工地が大きく記載されるため、「原料原産国は消費者の目に留まりにくく、印象には残りにくいだろう」と話す。

漁の状況により、場合によっては干物作りに適した原料が確保できないこともあるうえに、国産の魚を使えば必ずおいしくできあがるとは限らない。外国産の方がおいしく、しかも安くアジの開きを作れることだってある。

地元密着で個人経営の飲食店や土産物店ならば、地元の魚を少量だけ調達すればよいだろう。ところが、スーパーやホテル・民宿などに卸す加工業者は、まとまった量の原料を確保しなければならないため、「国産で賄えなければ、韓国産をはじめ外国産を仕入れて原料にすることが多い」（五十嵐社長）のだ。外国産は、大きくて脂が乗ったアジが多く、「今では流通量の7〜8割くらいが外国産ではないか」（同）という。

朝食に限らず、昼も夜も人気のサバの塩焼きはどうだろうか。第2章でも紹介したが、今や日本で消費されるサバの半分くらいがノルウェー産だ。ただ、サーモンほど原産国の認知度は高くなく、外食や弁当などでは特にノルウェー産のサバと表示されていないため、なんとなく「国産だろう」という印象で消費されているようだ。

このほか、朝食に登場する機会が多い脇役の水産物にも触れておこう。意外かもしれないが、日本食の源とも言える「だし」に欠かせない「カツオ節」も、外国産がしっかり根付いている。

静岡県焼津《やいづ》市で、かつて実家がカツオ節を製造していた男性がこぼした言葉が忘れられない。30年以上前の話だが、彼の実家のカツオ節工場では、インドネシアからの研修生を受け入れ、節作りのノウハウを教えていた。当時の彼は、「製法はともかく、外国人にだしのうま味までは絶対に理解できないから、作り方をまねても決して同じような製品は作れないだろう」と高をくくっていた。

ところが、やがてそのインドネシア人らは、日本人の技術支援などもあって、本国で見事に日本人の舌を満足させるカツオ節を作り上げ、日本へ輸出するまでになったのだという。今ではインドネシアやフィリピンなどで、カツオ節の中でも一般的な削り節のパック製品を大量に製造している。日本製よりも安く市場に出回っていることから、広く普及するようになった。

日本のカツオ節の加工業者はその煽りを受けて、厳しい経営状態に陥った。現に焼津の男性の加工場もその後、間もなくして廃業した。実家の家業を継ごうとしていた男性は、今ではまったく畑違いの企業にサラリーマンとして勤めている。

東南アジアの国以外に、フランスやイタリア、スペインなどヨーロッパでもカツオ節が製造されている。ユネスコの無形文化遺産にも登録された「和食」は今や世界的なブームになっており、その味を再現しようとする動きは今後、海外でも盛んになりそうだ。

ちなみに、カツオ節のだしの力が発揮される味噌汁の具に目を向けると、ワカメは中国産や韓国産が少なくない。「乾燥ワカメ」などにも用いられていて、安く手軽に使える外国産は、今後も重宝されるであろう。

さらに、2022年2月に、流通業者などによって産地を「熊本」と偽装されたアサリの多くが、中国産であったことが明るみに出た。意外なところでは、ゴマ油が塗られた「韓国ノリ」だけにとどまらず、一般的な板ノリにも一部、韓国産の原料が使われ始めているという。

外国産の原料が主流となっているのは、別に朝食用に限った話ではない。国産を重視してもらいたいと思う日本の消費者は多いとみられる一方で、さまざまなモノが値上がりし続けている今、より安い商品・水産物を求める傾向は強まるに違いない。

■コロナ禍で18年ぶりに生魚の購入上向く

本章では、「日本人の魚離れ」の要因などについて詳述しているが、実は、コロナ禍で久々に魚の売れ行きが好転した年がある。総務省がまとめた家計調査によれば、2020年の1世帯（2人以上）当たりの「生鮮魚介」の購入量が23・9キロと、18年ぶりに前年水準を上回ったのだ。マグロなどのほか、アジやサバ、カレイといった調理に手間がかかる魚種も多く買われた。ただ、その後は再び、若干だが毎年、前年水準を下回っており、魚食の緩やかな下降傾向は続いている。

また、生鮮魚介の購入は、スーパーでの買い物が多くを占めていることは前にも述べたが、魚食普及推進アドバイザーの小谷氏は、「最近、スーパーや鮮魚専門の量販店では、明らかに以前とは違った売り方も見え始めている」と話す。

例えば、低価格でも極力質の良い魚を店頭に並べて消費を促そうと努力する姿勢が見られるほか、魚の調理方法を店舗に設置した大画面で見せたり、QRコードを活用して魚のおいしい食べ方を紹介したりして、無人の店頭でも消費者へのサービスを展開するケースがある。

さらに、コロナ禍による需要で通常は扱わない国産本マグロなど、ちょっと高いものの、おいしい魚がスーパーの店頭に並んでいるという。

街の魚屋さんが消えた今、安くて簡単・便利な魚パックばかりが売られていては、魚離れは食い止められない。

丸ごと1匹をさばいて調理するのは少々ハードルが高いかもしれないが、うまい魚を食べるには、多少なりとも手間を掛けて調理することを推奨したい。そうなればスーパーなどの店頭でも、それに応じて選択の余地がある、バラエティーに富んだ品揃えで、魚を提供するようになるであろう。

第7章　ノルウェー漁業との違いと日本の人材育成

■日本にとって大きな存在であるノルウェー

日本の魚の水揚げが低調に推移するなか、回転寿司やスーパーでは輸入の天然魚や養殖魚が多く利用されている。農林水産省によると、２０２２年の水産物輸入量は製品重量ベースで２２２万トンだ。国内総生産量（養殖を含む）が、約３８５万８６００トンだったことを考えると、多くを輸入に頼っていることが分かる。

こうした輸入魚のうち、30年余りでしっかり日本に浸透したのがノルウェー産のサーモンとサバだ。決して安くはないが、脂の乗りや安定感はばっちりで、大好評である。

そのため日本とノルウェーは、供給体制が異なるにもかかわらず、しばしば漁業や資源管理の面で比較され、「ノルウェーに倣《なら》って……」と主張する日本の専門家が少なからずいる。

「日本とノルウェーは、まったく違う国だと思われがちだが、まず、国土面積はほぼ同じ。北から南へ細長く延びる地形で、それぞれユーラシア大陸の東側、あるいは西側に位置している。ともに四季があり、海運と漁業が盛んな国。小さな違いは多いかもしれないが、全体的に見ればよく似ている。北ノルウェーでは、太陽が昇ったまま沈まない『白夜』があり、一方、日本は『日出《い》ずる国』とされ、日本で日が昇ると、ノルウェーでも同じ日が見える……」

２０２２年9月、第5章で登場したビョーン・エイリク・オルセン氏は、漁業が盛んな同国南西部のオーレスンにあるホテルで、日本のメディア関係者らを前に講演し、こう語り始めた。

長旅で疲れた日本人ジャーナリストたちを気遣ってなのか、少々こじつけのようだが、最大級の親しみを込めて両国の関係性を挨拶代わりに披露しつつ、日本人が大好きなノルウェーシーフードの魅力と、歴史を語ってくれた。

確かに両国とも国土面積は約38万平方キロメートルで、漁業生産量も四百数十万トン（ノルウェー）と同水準だ。さらに、日本は「北西太平洋漁場」、ノルウェーは「北東大西洋漁場」に面しており、どちらも世界三大漁場のひとつである。

ただし、極端に違うのは、島国である日本は、排他的経済水域（ＥＥＺ）が広く、ノルウェーの約2倍となっている点だ。さらに、両国とも豊かな漁場を抱えているとはいえ、魚の種類は断然、日本の方が豊富である。しかも、ノルウェーの人口は５４０万人ほどで、東京都の半分程度しかない。

さて、ここからは両国の漁業・水産業について見ていきたい。

前述したように、これまで、合理的なノルウェーの生産・流通を横目に、時折、日本の水産庁や漁業の専門家の間からは「日本はノルウェーに学ぶべきだ」と指摘する声が漏れていた。実際に、日本の漁業法改正などで、ことあるごとにノルウェーの漁業管理が参考にされてきている。

しかし、日本漁業の現状を冷静に見た場合、本当にノルウェーの真似をしなければいけないのか、という疑問が頭に浮かぶ。理由は、魚の供給体制が大きく異なるからだ。それは、両国の漁師街の風景にも影響を与えている。

これまで筆者は2度、ノルウェーで取材したことがあるが、漁業が盛んな南西部のオーレスンでは、海洋レジャーを楽しむ人がほとんどいない。同時に、海を生業とする地元漁師の姿もなく、さらに、漁港やその周辺で魚介を並べて販売したり、海鮮を食べさせたりする店がない。その景色は現実離れしていると感じるほど綺麗だ。

海の幸を糧にしながら地元で生きる漁村の人々や、海洋レジャーに訪れて地元自慢の魚介を楽しむ人々で賑わいを見せる、日本の沿岸とは大違いだった。

実際、日本には国土をなぞるように、３０００近くもの漁港が点在する。一方、在日ノ

ノルウェー南西部・オーレスンの海岸

ルウェー大使館の水産参事官であるヨハン・クアルハイム氏によると、「ノルウェーでは、天然の海産漁獲物を電子オークションによって取引する遠洋魚販売組合があるため、漁港は存在しない」のだという。

　同組合では、ノルウェーの天然魚のほとんどを内外に向けて販売しており、各漁船から漁獲後にもたらされる詳細な漁獲情報をオンラインで提供し、最低価格を設定のうえ、最高値を付けた買い手に魚は落札される。そのため、漁業者としては一定の手数料を取られても、不安なく漁獲物を組合に預けられる。さらに、インターネットでは、漁法や漁獲海域（漁場）、漁獲量や漁獲物の平均の魚体サイズなどの情報がいち早く確認できる。20年くらいこのシステムで天然の魚を取引しているといい、漁業者からの信頼度も高いという。同時に、組合には各漁船の漁獲物のデータがその都度送られてくるため、資源管理上のメリットも大きい。

こうしたことから、ノルウェーでは、日本のように全国津々浦々の漁港で早朝から漁船が荷揚げし、併設されている卸売市場で、多くの仲買人が競りで魚を取引する場面は見られないのである。

なお、同組合の幹部は、各漁船から送られるデータから、「決められた漁獲枠を超えたことが分かれば、その分の取引金額は没収されるほか、超過分が次の年の漁獲枠から差し引かれる」と説明する。

それればかりか、オークション上でそうした漁獲超過の経緯が判明すれば信用を失い、その後の魚取引にも悪影響が出かねないのだという。そのためか、同組合幹部は「実際に漁獲枠を超過する漁船はほとんどない」と胸を張る。全国各地に漁港があり、魚の水揚げ管理が煩雑になることが多い日本とは対照的だ。

ちなみに、時事通信社水産部では、早朝から取材した全国主要漁港の魚の水揚げ情報を専用サイトやスマホのメールなどで、契約者向けに公開しているが、各漁船、具体的な漁場は明かさないケースが多い。国の調査なら別だろうが、「漁場は秘密。簡単には教えない」という傾向がある。しかも、漁獲総量は漁船からの情報だったり、漁港で水揚げ中のカウントだったりする場合も多いから、瞬時にもたらされるデータは、実際の漁獲量と開きがあることが少なくない。魚体についても、「アジ・豆主体」「サバ・極小他」といったように、大雑把な伝え方が多く、大きさの表し方に地域差もあって分かりにくい。

■漁船ごとに漁獲枠設定

ノルウェーの漁業生産量は、日本と同水準の400万トン前後だが、割り引かないといけないのは、そのうち、ノルウェーの代表魚サーモンは年間150万トンくらいが養殖生産されていることだ。天然魚の種類もそう多くなく、主要な魚種はニシンやタラをはじめ6〜7種といったところである。それに比べ、日本は主要魚種だけでも、数倍の種類を扱っている。なお、日本の養殖魚生産量は、ハマチやタイなどを合わせても年間100万トンに満たない。

そのうえ、ノルウェー産の水産物は、大半が輸出向けである点も見逃せない。同国大使館によると、2022年の輸出量は約294万トンと、総生産量の約4分の3を占めた。

中国に次いで世界第2位の輸出量であり、国内では石油・ガスに次ぐ外貨獲得のための産業となっている。これに対し、日本は魚離れや、水揚げされる魚の食用化率が低いといっても、輸出量は年間63万トン（2022年、農林水産省まとめ）にとどまっている。

漁業生産に目を向けると、日本は北海道から九州・沖縄まで、さらに島嶼《とうしょ》部も含めて、沿岸から沖合、遠洋へと対象漁場は広い。また、大間のマグロやカツオの一本釣りから、延縄、引き縄、定置網、巻き網、底引き網、近海の潜り漁や追い込み漁など、伝統漁法を含めたら、数えきれないくらいの漁法が存在する。

一方、ノルウェーでは西側の大西洋を主な漁業生産の場とし、漁獲の大半は大型漁船で行われる。沿岸で操業する小型漁船もあるものの、海域や魚種が限られるため管理しやすい。日本のようにさまざまな魚種を多くの漁法で、しかも、兼業を含めて操業する現状に比べると、その差は歴然としている。

このように漁業の形態に違いがあるにもかかわらず、資源管理の面からことあるごとに引き合いに出されてきたのがノルウェー方式だ。漁業法の改正をはじめ、いろいろな場面で参考にされてきた管理手法で、その中心がノルウェーで広く実施されている漁船ごとの個別漁獲割当制度である（〝個別〟であることが重要な点だ）。

ノルウェーの個別漁獲割当制度では、天然魚について、大西洋で漁獲されるサバやタラ、ニシンなど、ほとんどが近隣の漁業国との調整のうえで決定した漁獲枠を基に、自国漁船へ配分している。船ごとに漁獲上限が決められているため、漁船オーナーは枠の範囲内で対象の魚を漁獲し、遠洋魚販売組合のオークションで販売している。

例えばサバの場合、大西洋を回遊する群れを、大型の巻き網漁船のほか、トロール漁船が漁獲し、それぞれの漁船は与えられた枠いっぱいを目指して操業する。

日本の水産庁によると、同国では「定められた年間漁獲割り当ての下で漁獲高を上げるため、単価の高い中大型魚を多く含む魚群を狙って操業し、かつ漁獲物の品質を確保する努力が図られている」と説明する。そのため、自然と未来の資源である小型魚の保護につながっている。

これに対し、日本のサバ漁は一筋縄ではいかない。サバのうちマサバでは、三陸から常磐沖が主漁場となる太平洋系群と、東シナ海から日本海を回遊する対馬暖流系群に大別される。

このマサバを獲るのは、大型の巻き網漁船や、小型の巻き網漁船、定置網漁船や、底引き網漁船、といったように漁法の種類が多く、漁船規模も大から小までさまざまだ（これらの漁法では、マサバを狙っても、それ以外の数種の魚を混獲することもしばしばある）。

そして、漁獲枠は、資源評価の末に設定されるが、船ごとの配分は大型の巻き網漁船の一部にとどまっている。つまり、船ごとの上限設定を受けない大半の漁船は、日本全体の漁獲枠のみでマサバを獲り合うことになり、「我先に」と、できるだけ漁獲し、水揚げ高を稼ごうとする傾向がある。

大きなマサバを獲ることができる保証がないなか、資源保護の名目で小型のマサバ漁獲を見送ることはできないし、待っていたら全体の漁獲枠を他の漁船によって獲り切られてしまう可能性さえある。獲った者勝ちの世界なのだ。

第2章でも述べたが、ノルウェー南西部のオーレスンにある大規模なサバの加工場で取材した際、現地でサバを買い付ける日本人の加工業者は、次々に水揚げされる大ぶりなノルウェー産のサバを見ながら、「日本のように漁船が競い合いながら魚を追い、小さなサバを獲りつくしていれば、この先、資源はもたないよ」と話していた。

同様に、マイワシ、アジ、ブリも、総じて日本では漁場や漁法などが多岐にわたり、魚の大きさに関して選択的な漁獲がしにくい。特に巻き網漁船の場合、魚の大きさに関係なく一網打尽にしてしまうから、資源に対する影響が指摘されている。

さらに、近年は世界的に飼料や肥料の価格が高騰し、非食用向けも以前より魚価が高くなっている。そのため、食用にできない小型魚でも漁業者の実入りは良くなっている。これも、小型魚の漁獲に精を出す一因となっているようだ。

ノルウェーのように、漁業の管理体制が整っているなかで、小型魚を保護するような漁業が実現できれば、それに越したことはない。ところが日本では、にわかには漁船ごとに漁獲枠を配分するシステムに切り替えられない。

仮にすべての漁船に漁獲枠を設定したとしても、それを担保するシステムを構築することも簡単ではないだろう。性善説に基づく漁獲量の自己申告では、厳格な管理とは言えないばかりか、前述した大間の「脇売り」などの例を見れば信頼性を欠く。漁獲情報をリアルタイムで把握できるような管理体制を築き上げることが必要となり、複雑多岐にわたる日本漁業への浸透は簡単に実現されそうもない。

漁業の成り立ちや現状の大きな違いから、単純に「ノルウェー漁業に学べ！」と言ってしまうのは、少々酷な気がしてしまう。全国各地の漁港や魚市場を取材してきた筆者からすれば、前提条件が違いすぎるためで、漁業管理の他にも両国の漁業・水産業の違いが目に付いた。

ノルウェーの漁業で日本の有識者などが見習うべきだと指摘するのは漁業管理に関する点が中心だが、ほかにも参考にできるのではと思う点がある。ノルウェーの漁業者の目を見張るほどの待遇・労働環境の良さだ。そのため、ノルウェーでは漁業は儲かる人気産業で、深刻な担い手不足に直面している日本とは正反対なのだ。漁師は、なりたくてもなれない〝憧れの職業〟となっている。

　日本の漁業者が約12万３０００人（２０２２年）いるのに対し、ノルウェーは約１万１０００人（２０２２年、兼業を含む）だ。両国の漁業生産量は大差ないため、合理的な生産が行われていることが分かる。また、日本では、10トン未満の小型漁船で漁を行う零細漁業者が、ノルウェーに比べて圧倒的に多い。

　徹底された資源管理と合理的な漁業経営によって、ノルウェー漁師の給与は日本に比べてかなり高水準な額が支給されている。２０２２年9月に話を聞いた、オーレスンの水産加工場へサバを水揚げしていた１５００トン級の巻き網漁船のオーナーによれば、新人漁業者の給料は年間１４００万円ほどで、定着率も高く、志願者は常に順番待ちの状態という。

　漁船内の環境も日本とは大きく異なる。巻き網漁船の中に入ると中央にリラクゼーションルームがあり、ゆったりしたソファーに10人ほどが座れる空間になっている。大型テレビが設置され、船員らは休憩時に映画やゲームを楽しむのだという。

船員の部屋も充実している。日本では2段ベッドなどが置かれ、シャワー、トイレは共同というイメージだが、ノルウェー漁船は個室が基本で、シャワー、トイレが付いている。20日ほどの操業期間にもプライバシーが守られ、仕事外の時間に十分、疲れを癒すことができそうだ。

筆者がさらに驚いたのは、漁船内のキッチンだった。専門の職人が乗船していて、船の操業が終わって水揚げのタイミングになると、なにやら作業をこなしていた。次の操業に備えて船員らが食べるおやつだろうか。甘い香りを漂わせた、ドーナッツの生地を練っていた。午後3時ごろにティータイムがあり、スイーツを食べながらくつろぎの時間を過ごすのだという。

魚を効率的に獲り続けるだけでなく、居住空間や食事を含め、漁師らの職場環境に対する配慮は、日本とは比べものにならないと感じた。これも日本とは対照的な「儲かる漁業」を実現している証《あかし》のように見える。

船上で最上階に位置する見晴らしの良い場所には、漁船の航行を調整する操舵《そうだ》室がある。

ノルウェーの巻き網漁船の船内

一段高い席の前方には、いくつものモニターが並べられ、サバの魚群を探知するソナーや海の状況が一目で分かる海洋図など、操縦に役立つ情報が同時に確認できるようになっている。少なくとも、「我先に」と小型魚を獲る必要などなさそうな漁船の設備・性能であろう。

資源管理に沿った合理的な漁業を実現し、漁師志願者が多いノルウェー。きつい・汚い・危険の「３Ｋ」職場とも言われる日本漁業との違いは大きい。

ただし、そっくりノルウェーの真似をしなければいけないというわけではない。むしろ、日本の複雑な漁業構成にも、大きなメリットがあることを忘れてはならないだろう。全国津々浦々、漁港や漁村があることにより、日本ではノルウェーにはない漁業の魅力が発揮され続けている。その理由を見ていきたい。

■日本漁業の多面的機能

あまり知られていないが、日本全国各地に漁業の拠点が存在することで、水産業・漁村の多面的機能がもたらされている。新鮮で安全な魚介を安定的に供給することが、漁業の本来的な役割だが、それ以外にも重要な役割を果たしている側面がある。

少々、「風が吹けば桶屋が儲かる」的なたとえのようにも思われるかもしれないが、良く理解すると確かに小規模とはいえ各地における漁業の存在感は侮れない。

例えば、日本の沿岸域に分布する藻場は、「海の森」とも呼ばれ、海の水質の浄化をしたり、小魚などの産卵・育成の場となっており、漁業者や漁村の人々は海辺の環境保全に向けた活動を地道に行っている。

さらに、沿岸域でカキやホタテガイなどの養殖が行われていることで、海水が効率良く過されていることが分かっており、こうした機能を水産業・漁村の「環境保全機能」という。

海の環境を守る漁業の役割では、物質循環システムも重要な機能だ。水産庁は、陸と海のつながりに関して漁業が果たす役割について、次のように説明する。

「近年、生活排水に含まれる窒素、リンの流入により、沿岸域の環境は富栄養化の影響を受けている。漁業は適度な漁獲（間引き）によって、魚介類の世代交代を促し、繁殖・成長を高めるとともに、食物連鎖によって海の生物に取り込まれた窒素、リンを陸上へと回収することで、沿岸域の環境保全に大きく貢献している」

陸と海のほか、「森と海」のつながりについても漁業者や漁村の人々は、古くからその密接な関係を理解し、保護してきた経緯がある。

かつて、森林の伐採などによる陸の環境変化で、沿岸の水質が悪化し、魚の繁殖や養殖にも悪影響をもたらしたことを受け、漁業者は、海に深い関わりを持つ森林を「魚付き林」と呼んで大切に守ってきた。そればかりか、漁業者が海につながる川の上流へ向けて山を登り、「森は海の恋人」というキャッチフレーズで植樹活動を継続しながら、海の環境保全に取り組んでいる地域もある。

海の環境保全へ向けた水産業・漁村の貢献度については、都市部の人たちが実感することは少ないかもしれないが、余暇を利用した漁業体験や、漁村で継承されてきた地域独自の祭りや芸能に接することは、都市住民にとって貴重な交流機会となっている。さらに、漁村ならではの漁師料理や郷土料理などは、水産業・漁村がなければ誕生しなかった文化で、今も脈々と受け継がれている。

こうした水産業・漁村の多面的機能は、２００４年の三菱総合研究所の試算で、約11兆円という定量評価が行われており、後世に残すべき貴重な役割とみられている。

ノルウェーの合理的な漁業とは裏腹かもしれないが、日本の水産業・漁村の価値を理解しながら、他国にはない独自の路線で、衰退する漁業・水産業を盛り上げていく必要があろう。

■新人漁師へのパワハラはご法度

日本の漁業が衰退する一方で、コロナ禍、ウクライナ危機などを背景に、さまざまな物資が値上がりしている。原油価格の高騰もあって、漁業・水産業へのダメージは少なくない。イクラやカニ、サンマ、イカといった人気の魚介の高値が目立つ半面、水揚げの大半を占めるイワシやサバといった大衆魚の漁港での水揚げ金額は決して高くなく、漁業経営は厳しさを増す。

そうしたなかで今、各地の漁業現場では人手不足、特に若手漁師を確保できない事態が深刻化している。

戦後の高度成長に伴う技術革新などにより、漁船の性能は向上してきた。漁場を沿岸から沖合、遠洋へと拡大し、漁師の数もうなぎ登りだった。１９７０年代半ばには全国でおよそ50万人いたという。しかしその後は、２００カイリ時代の到来や内外の魚資源の悪化などもあって、２０２１年の漁業者数は約12万９０００人（農林水産省調べ）と、50年足らずで４分の１ほどに急減した。しかも、高齢化も顕著で、65歳以上の割合は４割近くに及び、将来の漁業を支える若手漁師の確保が急務となっている。

近年、新たに漁師になる数は、年に１７００～２０００人である。多くの高齢漁師が現役を続けているため、これら新人の多くが定着して、一人前になってくれさえすれば、漁師の数が減り続けることはない。

ところが実際には、漁師になっても数年で辞めてしまう若者が多く、「だいたい５年でおよそ半分が下船してしまう」（漁業関係者）という。その要因は、「仕事そのものではなく、先輩漁師との関係につまずき、もう限界と思って辞めていくケースが多い」と漁業団体の幹部は打ち明ける。

今、問題視されているのが新人漁師へ向けられるパワハラだ。洋上の過酷な環境下で受ける先輩漁師からの非情な言動が、「海の男」に夢を抱いて漁業の世界に飛び込んだ若い漁師の心をへし折っている。今から6年ほど前、当時19歳の遠洋漁師は下船し、二度と船に戻らないと決めた。当時、「お前なんかいてもいなくても同じ」、「給料泥棒も同然」などと罵られ、逃げ場のない漁船上で、毎日すれ違うたびに嫌味を言われたり舌打ちをされたりしたという。時間が空けば好きでもない酒を強要され、浮かない表情を見せれば、「俺の酒が飲めねぇのか」と一喝された。さらに、先輩漁師の下着の洗濯までも押し付けられたほどだった。男性は「もう限界だった」と振り返る。

「板子《いたご》一枚下は地獄」と言われるように、大海原を生業の場とする漁師の仕事は、危険と隣り合わせの３Ｋ（きつい、汚い、危険）職場だ。昭和の時代とは違って、親にも叱られたことがない若者を優しく長い目で見ながら辛抱強く育てようと、漁業でもそれなりの働き方改革が進んでいるという話も聞くが、旧態依然とした若者の扱いを変えられずにいるベテラン漁師も少なくない。

もちろん、若者が志半ばで辞めていく原因が、すべて先輩からのパワハラというわけではない。漁業経営者によっては、若手漁師のプライバシーに配慮したり、作業も交代制にして働きやすい環境作りに努力したりしているケースも多い。

　新人漁師をたくさん送り出している、静岡県立焼津水産高校の籾山誉人教諭は、「コミュニケーション力に欠ける新人漁師の方にも、何らかの落ち度があることが多い」と話す。ただ、前述のように強烈な罵倒に加え、酒を強要したり、船上で長期間にわたって無視したり、悪口を吹聴したりといったことがきっかけで、若い漁師が海を離れてしまう事案が後を絶たないことは確かだ。

　漁師不足が深刻化するなかで、新人の受け入れ側に変化の兆しが出てきた。水産庁の支援を受けて漁師募集を行っている一般社団法人全国漁業就業者確保育成センター（東京）の馬上敦子事務局長は、「海の仕事に憧れて漁師になった大事な若い世代が、ひどい目に遭って船を下りてしまうことが少なくない。それを見て見ぬふりは決してできない」と話し、新たな対策に打って出た。

　漁業者の求人サイトの運営や漁師募集イベントを手掛ける同センターは２０２２年、「ハラスメント対策を怠らない」、「新人漁師を組織全体で育成する」といった条件を満たす漁業会社などを、担い手確保・育成への活動を担う同センターの「サポーター」と位置付け、情報をまとめた冊子を水産高校などに配布するようになった。さらに、情報発信の強化のために、サポーター専用サイト「漁サポ．jp」を新たに開設して、漁師の募集につなげている。

漁師の求人情報について同センターは、これまで特に条件は設定しておらず、「漁業会社や漁業を営む個人経営者から、作業内容や給与面などの条件を聞き、さらに会社のＰＲなど、もっぱらプラス面を公開していた」という。

求人開始に当たって、パワハラ対策に関する新たなチェックを経たサポーターは40社に上っており、受け入れ側の意識の変化が少しずつ表れてきたようだ。

また、馬上事務局長は、「指導に当たる漁業者からの嫌がらせなど、パワハラと思われる事案は多く、新たな対応が必要だと感じた。自然相手の漁師の職場は、働き方改革を採り入れにくいが、他の産業と人材を取り合っていく以上、自分たちの努力でパワハラを防止していかなければならない」と語気を強める。

パワハラ対策をサポーター登録の条件にしたことについて、漁業者団体からは、「根本的な解決には至らないのではないか」といった声も聞かれる。これについて馬上事務局長は、「今まで触れていなかったパワハラ対策の第一歩だと思っている。今後は新人漁師へのヒアリングや、サポーター同士の意見交換の場を設けるなど、できる取り組みから進めていくことで、若者が夢に描いた漁師を長く続けられるようにしていきたい」と語っている。

焼津水産高校の籾山教諭は、「（先輩の漁師から）暴力のような直接的なハラスメントを受けたという例は聞かないが、無視されたり何も教えてくれなかったりすることで、先輩の漁師との間に高い壁を感じて辞めていく新人漁師がいる。原因は本人にもあると思うが、（同センターの）対策をきっかけに、離職者が少しでも減ることを願っている」と期待を込めている。

同センターは幅広く漁師を募集するため、２０２３年２月下旬に福岡市で「サポーター」として登録された漁業会社などと、漁師志望者のマッチングの場を設ける「漁業就業支援フェア」を開催した。同年７月にも東京と大阪市、福岡市で同様のイベントが相次いで開かれている。７月17日の「海の日」に東京で行われたフェアには２００人近い来場者があり、多くの新人漁師誕生に期待が高まっている。

７月の第３月曜日に定められている「海の日」は、２０２２年から「漁師の日」としても日本記念日協会の登録認定を受けている。申請した同センターは、パワハラ防止への対策とともに、「海の日＝漁師の日として広く社会に普及させ、多くの国民が漁師という職業を敬い、職業の選択肢の一つとして漁師が加わることで、チャレンジする若者が増えることを期待したい」としている。

■マグロ漁の都市伝説を吹き飛ばせ

漁師不足解消へパワハラ対策が始まっているが、パワハラを受ける以前の問題として、漁業現場の悪いイメージが志願者にとって高い壁となっているケースもある。その代表が遠洋のマグロ漁であろう。

「借金のカタにマグロ船で稼ぐか……」、「内臓を売るか、それともマグロ漁船に乗るか……」など、金銭面で窮地に陥ったときの究極の選択として、いまだにテレビドラマや漫才のネタとして登場するのが、マグロ漁師に志願することだ。青森・大間のマグロ漁のような近海の話ではなく、世界の海洋で10カ月から1年もの間、操業を続ける遠洋マグロ漁にまつわる「都市伝説」である。

遠洋マグロ漁業と言えば、日本人の旺盛なマグロ需要を支える存在で、世界トップレベルの漁獲を誇っているが、船員不足は深刻な状況だ。マグロを中心とした遠洋漁業の全国団体「日本かつお・まぐろ漁業協同組合」（日かつ漁協、東京）によれば、遠洋マグロ漁の日本人船員は、１９９０年代の終わりに５０００人ほどいたが、数年前に１０００人を割り込み、現在９００人ほどである。

同組合の香川謙二組合長は、「マグロ漁船に乗ったら、逃げ場のない船上で長期間奴隷のような扱いを受け、過酷な作業を強いられるというイメージがあって、船員確保が難しい」と話す。船員不足を補うため、インドネシア人など外国人の船員を確保して操業している。

ただ、新型コロナウイルスや円安などの影響で、近年は外国人を乗船させることも難しくなっているという。操業には日本人６〜７人の乗船は必須で、総勢二十数人いないと操業できないため、「出航を諦めるケースがあるほか、中には見通しが立たずに漁船を手放す船主もいる」と肩を落とす。

もともと漁業そのものに、きつい、汚い、危険といった「３Ｋ職場」の印象が浸透している。かつて１９９０年まで、十数年間にわたってマグロ漁船に乗って働いたという築地場外市場の「まぐろのみやこ」の石村為則社長は、「とにかくマグロがたくさん獲れるときは、きつかった。50日以上休みなしで作業に当たったこともある」と振り返る。

さらに石村社長は、「（マグロを水揚げする）揚げ縄の最中、たまたま掛かっていたエイのヒレが指に刺さり、抜けずに3カ月くらい痛くて仕方なかった。そのとき仲間からは『指はあと9本もあるんだから大丈夫』とあっさり言われ、何とか仕事をこなしたよ」と話した。

30年以上前のことで、少々大げさに話している感じがするが、広い海での過酷な作業だけに、陸ではあり得ないようなアクシデントが起こることもあるのだろう。そうしたエピソードに尾ヒレが付いて言い伝えられ、遠洋マグロ漁船に乗るのは究極の選択をする人だけしかいない、という都市伝説がいまだに健在ということなのか。

漁業に縁のない若者にとって、マグロ漁師という職業はハードルが高いのは無理もない。毎年新たに船員になるのは多くて十数人ほどだ。ほとんどが水産高校卒業生や、近縁者に漁業関係者を持つ若者だという。

さらに、「いったん船員として働いても、辞めて他業種に転職する人が多く、マグロ漁師として定着するのは年に5人いれば御の字」と同組合の関係者は語る。その結果、マグロ漁師の多くが60代以上の高齢者で、漁の存続には大きな不安が残る。

同組合は、こうしたマグロ漁への偏見や、それゆえに人員が不足している厳しい状況を打開しようと、若手船員の確保のために２０２１年春からＹｏｕＴｕｂｅの活用に乗り出した。香川組合長は、「われわれはこれまで水産高校でガイダンスを行ったり、ＨＰ上でマグロ漁の魅力を伝えたりしてきたが、都市伝説のような誤解と偏見を解消し、より広い若者層に（遠洋）漁業に興味を持ってもらうには、ＹｏｕＴｕｂｅが最も効果的ではないかと判断した」と話す。このほか最近では、若者に人気のスマホアプリであるＴｉｋＴｏｋやインスタグラムも活用しながら、マグロ漁の魅力を伝えようと躍起になっている。

配信内容について同組合の幹部は、「おじさんが長々と説明する動画だけは避けたかった」と明かす。若者に退屈と感じられ、別の動画に切り替えられないよう、工夫を凝らしている。マグロをモチーフにしたアニメの新キャラクター「鮪蔵《まぐぞう》」が漁師を目指す若者に代わって、漁業関係者にマグロ漁に関するさまざまな疑問を投げ掛け教えてもらう、という構成だ。

時間は１本４分と短めで、大半が長くても９分に抑えられている。インタビューも要点だけを切り取って編集し、鮪蔵らが合いの手を入れるなど緩急を付け、テンポの良い進行である。さらに、スマホでも内容を理解しやすいよう、テロップを入れて見やすくした。オープニングとエンディングには、若者に人気のバンド「打首獄門同好会」の代表曲『島国ＤＮＡ』を使用し、注目度がアップしている。

かつてはインターネットでも、「遠洋マグロ」「マグロ漁業」と検索すると、「借金のカタ」などと悪いイメージが紐づいてヒットしていたが、ＹｏｕＴｕｂｅ公開後は日かつ漁協の配信動画がトップに表示されるなど、次第に正しい情報が認知されるようになっている。

現役漁師は「（給与や保険などを含めた）労働協約がきちんとしており、みな漁師になりたいという純粋な夢をかなえるために船に乗っている」と都市伝説を全面的に否定した。

さらに動画では、船員それぞれに個室が完備されていたり、「漁船によっては無線通信Ｗｉ－Ｆｉにより、24時間インターネットが利用できるため、ＬＩＮＥやネット電話で、家族や友人といつでも連絡が取れる」とＰＲする。

船上作業については、二十数人の漁師を３つのグループに分けて、マグロを獲る前の投《とう》縄《なわ》を交代制にしたこと、次の漁場へ移動するまで、一定期間休みが取れることも説明している。ちなみに、けがや病気などの際は、電話で専門医の診断を受けたり、万が一の場合には「ドクターヘリ」を呼んだりすることも可能だと紹介されている。

漁師へのインタビューでは、宮城県の20代後半の若手機関長が登場する。数年前までは航海のたびに仕事を辞めたいと思っていたが、漁労長など先輩漁師に支えられながら仕事の楽しさを実感し、今では責任感を持って船上での仕事に邁進《まいしん》している姿を伝えている。おめでたいことに、最近この若手機関長は結婚して子供にも恵まれたといい、そうした状況もＹｏｕＴｕｂｅで紹介されている。

２０２１年３月にスタートした動画配信は、２０２３年９月までに36本が公開された。総再生回数は44万回を超え、チャンネル登録者数は２３００人に上っている。Ｙａｈｏｏ！ニュースのトップページに掲載されると、若者から大きな反響があり、テレビの情報番組でも取り上げられた。出演している宮城県気仙沼市の漁業団体の関係者には電話で頻繁に問い合わせがあり、日かつ漁協にも乗船への具体的な相談が相次ぎ、マグロ漁師の志願者が続々と現れているという。

２０２３年からは操業中の遠洋マグロ船上で撮影したＶＲ動画も公開。視聴者は専用ゴーグルの装着により、船上を３６０度見渡せ、漁業を仮想体験できる。今後は水産高校の授業などで活用される予定だ。

「マグロ漁の悪いイメージがなくなり、憧れるようになりました。ぜひ、自分も挑戦してみたいです」――。若手志願者からはこんな反応が相次ぎ、配信から2年半で、これまで少なかった大卒者も含めて船員内定者が45人に達した。このうち41人が既に乗船しているという。

日かつ漁協によると、「船に乗れば家賃、水道・光熱費、１日４食の食費がゼロ円。漁（水揚げ）次第だが、1年目の給料は４５０万～７００万円。ただし、未経験の場合には特に海の仕事は決して楽ではなく、厳しいこともある」という。

漁に出れば最大2メートル、４００キロもの大型マグロを豪快に釣り上げる場面にも遭遇する。仕事は厳しいが、やりがい・高収入を求め、ＹｏｕＴｕｂｅをきっかけにして誕生した日本の新人漁師たちが、新たなマグロ漁の伝説を創り出すに違いない。

■女性漁師、急募！

新人漁師へのパワハラ防止策がスタートし、遠洋マグロ漁にまつわるマイナスイメージの払拭に業界関係組織が乗り出す一方で、女性漁師の新規参入を促す対策も始まっている。

漁業界には、「海の神様は女性であり、漁船に女性が乗ると嫉妬してしまう」といった言い伝えから、女性漁師を歓迎しない風潮があり、それはいまでも残っている。さらに、遠洋漁業など半年以上の長期航海では、男性ばかりの狭い空間に女性を乗船させにくいといった面もある。

水産庁のデータによると、２０２１年の漁業就業者のうち、女性は1割以上を占める。だが、漁業関係者は、「親族と一緒に漁師となっている人が多く、近縁者に漁業関係者のいない女性が漁師として働いているケースはごくわずか」だという。

女性漁師の志願者を発掘しようと、全国漁業就業者確保育成センターは２０２３年３月、女性を対象とした漁師セミナーをオンラインで開催した。参加者は決して多くはなかったが、セミナーをきっかけに早速、「転職して漁師になる」と決めた女性の内定者が出た。今夏デビューを果たしたという。

セミナー開催に合わせて同センターが行った調査では、女性を受け入れる意向の漁業会社は多く、漁師などを募集する約３００社のうち60社以上が「受け入れは可能」と回答した。人材難に加え、ジェンダー平等社会への意識が高まっていることも背景にありそうだ。そうした「やる気がある女性歓迎」といった受け入れ側の姿勢は、漁業に新たな風が吹くきっかけになるかもしれない。同センターの馬上事務局長は、「これだけ多くの漁業会社などが、女性を漁師として迎えてもいいと思っていることに正直驚いた」と打ち明ける。

とはいえ、すべての漁業会社が、女性漁師の受け入れ態勢を十分に整えているわけではない。漁船に女性用トイレがないなど設備面が不十分なほか、漁業会社からは「女性を雇ったことがないため、男性と同じ対応になってしまうが大丈夫なのか」との不安の声も上がっているという。

一方で、長期航海の遠洋漁業なら、男職場でポツンと女性１人というのは少々居心地が悪いかもしれないが、養殖のほか沿岸漁業などでは女性漁師が次々に誕生している。近年、女性漁師の存在がＳＮＳなどを通じて知られるようになったためだ。

埼玉県内の飲食店で料理人をしていた岸本希望《のぞみ》さんは２０２２年５月、長崎県雲仙市で巻き網漁の漁師に転身した。以前から「海、魚が好きで、漁師ってかっこいいと思っていた」と岸本さんは言う。漁師になってからは、「最初はきつかったが、（先輩漁師は）皆優しいし、魚がたくさん獲れた時はすごく楽しい」とやりがいを感じている。

また、三重県では、女性数人のグループが小型の定置網漁に取り組んでおり、インターネット上などで話題となった。それを知った各地の女性から、「私も漁師になりたい」との問い合わせが寄せられているという。希望者全員を受け入れることは難しいものの、漁業体験などを随時実施し、漁師の仕事を知ってもらう機会を設けている。静岡県や高知県などでも沿岸漁業の女性漁師が誕生し、話題となっている。

女性漁師について、水産庁水産経営課で「水産女子ＰＪ職員チーム」を兼任する福釜知佳課長補佐は、「女性の受け入れには環境面で課題もあるが、漁師に興味がある女性は確実に増えている。課題を解消し、ぜひ担い手確保につなげてほしい」と期待している。

前出の馬上事務局長は、「漁業者からは、現場に女性が入ると、明るく楽しい雰囲気が生まれるという話を聞く。決して楽な仕事ではないが、やる気があれば性別に関係なく、漁師になれることを知ってほしい。同時に女性の受け入れが進み、漁村が活気付くことを願っている」と話す。

「脱パワハラ」に加えて、漁村で新たな女性漁師を育てながら、漁業の働き方改革を進めていくことが必要だ。

■女性寿司職人が「薬膳サーモン」開発

水産業界では近年、フードロスの削減を中心に、ＳＤＧｓ（持続可能な開発目標）への取り組みが活発化している。ただ、達成目標の一つでもある「ジェンダー平等の実現」については、新たな女性漁師が誕生しているとはいえ、他の分野に比べて課題は多いのが現状である。

これまで、水産分野で女性の力が活かされてきたのは、海ではなく陸での作業が中心だった。２０２３年6月に公表された水産白書（令和4年度版）では、「女性の活躍の推進」について、次のように解説している。

「女性の活躍の推進は、漁業・漁村の課題の一つです。海上での長時間にわたる肉体労働が大きな部分を占める漁業においては、就業者に占める女性の割合は11％となっていますが、漁獲物の仕分けや選別、カキの殻むきといった水揚げ後の陸上作業では約36％、漁獲物の主要な需要先である水産加工業では約60％を占めており、女性がより大きな役割を果たしています。このように、海女《あま》漁などの伝統漁業のみならず、水産物の付加価値向上に不可欠な陸上での活動を通し、女性の力は水産業を支えています」

　そうしたなか、近年、国連主催のイベントや国際女性デーにおけるスピーチなどで、水産業界の「ジェンダー平等」への必要性を訴え続ける傍ら、東京で寿司職人として活躍し、現在は各地を飛び回って産地に縛られない国産養殖サーモンのブランド化にこぎつけた女性に注目が集まっている。水産会社「ＢＫＴＣ」（東京）の千津井由貴社長である。

　かつて、千津井さんは、東京・秋葉原に２０１０年にオープンした「なでしこ寿司」の運営会社の社員だった。「なでしこ寿司」は、日本で唯一、女性職人のみが握る寿司店として大きな話題を呼んだ。千津井さんは数年後には店長として活躍するようになった。

寿司と言えば、「へい、いらっしゃい」と、ねじり鉢巻きの職人が迎え、小気味よく一貫一貫握った寿司を、うんちくとともに、ポンとカウンターのガリの横に置く粋な風景が浮かんでくる。だが、こうしたこだわりの職人が握る寿司とは対照的に、「なでしこ寿司」は若い女性職人が板場で粛々と作業し、小さな手で優しく握るのが特徴だった。

千津井さんは「寿司＝男性職人」といった固定観念を打ち破ろうと、日々板場に立ち続けた。その背景には、多くの偏見による屈辱の過去があり、想像を超える厳しい現実があったという。

寿司店や水産関係者に聞くと、寿司職人にはまず、魚を仕入れてさばく力仕事がつきものだけに、女性は不向きとみるきらいがある。大型マグロ1本を仕入れる寿司店は少ないだろうが、カツオやブリなど、魚を1匹丸ごとさばかなければいけないことは多い。最初に力仕事が伴うだけに「男の仕事」になりやすい。

一方、明治20年に創業、百数十年続く東京・日本橋の寿司店の店主は、女性寿司職人がほとんどいない要因として、住み込み修業がしにくい点を指摘していた。かつて街の寿司店では、職人を目指す若者を住み込みで面倒をみることが多く、店によっては相部屋で寝泊まりさせることも少なくなかった。男女一緒にするのは難しいことから、女性を雇い入れるには個室が必要だったのだ。

そればかりか、店内での力仕事や近所への出前などを頼むにも、やはり男のほうが使いやすいのは言うまでもない。男職場だけに、女性が入れば他の職人が気をつかってしまうことにもなろう。このほか個人差もあろうが、女性の身だしなみとしての化粧も、寿司職人としてふさわしくないとの見方がある。

さらに女性が寿司職人に不向きだとされる要因について、魚関係者は、①女性の体温が男性に比べて高く、ネタが傷みやすい、②月経の際に女性は味覚が変わってしまう、という2つの説を挙げることが多い。

①の体温については医学的根拠があるのかどうか明確でないばかりか、②も含めて個人差があることは間違いないため、これらは迷信と言えそうだ。そもそも、おいしい寿司を握るには個人の経験や技量が問われるべきであり、その点で男女差は関係ないだろう。

千津井さんは、数少ない女性寿司職人として、板場で寿司を握り続けた。働きはじめたときの心境を次のように記している。

「伝統的食文化であるカウンターで食べるお寿司文化が一部の高級寿司店にしか残らなくなってきております。もっと気軽に敷居を低くして、若い力、外国人の方にもカウンターで食べるお寿司屋さんの良さを伝えていきたいと思っています。女性ならではの気配りや心遣いなど、今までのお寿司屋さんにはない、新しいかたちのお寿司屋さんの楽しみを、多くの方に伝えたい、そんな思いで日々寿司を握っています」（なでしこ寿司ＨＰより）

千津井さんは、美術大学を卒業後、銀座の百貨店に就職したが、１年ほどで退社する。浪人時代に寿司店でアルバイトした経験があったことから、「女性が寿司を握る店」という求人広告を見て一念発起し、なでしこ寿司に再就職した。

とはいえ、千津井さんは決して中途半端な気持ちで寿司職人になったわけではなかった。握りや巻物のほか、持ち前の繊細さや美大仕込みの優れた色彩感覚を生かした創作寿司など、アート感覚たっぷりの魚料理を生み出してきた。

そんな寿司職人としての姿勢が次第に世の中にも浸透し、千津井さんのもとには様々なオファーが舞い込むようになる。国内だけでなく、海外でも子供たちに寿司作りを教え、各種イベントや寿司店とのコラボ企画で出張寿司職人を務めるなど、いわば「寿司の伝道師」としての活動も増えている。

２０１８年に東京で行われた「国際女性デー」のイベントでは「労働の場における女性の権利拡大への実践」をテーマにスピーチを行い、「性別に関係なく、日本の寿司文化を継承する存在になれるよう尽力したい」という意思を表明して称賛を集めた。

２０１９年には千津井さんにとって忘れられない出来事もあった。ノーベル平和賞受賞者で、女性人権活動家のマララ・ユスフザイさんが、同年3月に初来日した。マララさんは首相官邸で安倍晋三首相（当時）と会談したあと、千津井さんを訪ねて、なでしこ寿司に足を運んだのだ。マララさんから「女性でもお寿司屋さんが務まるのですね。すばらしい。これからもぜひがんばって」とエールを送られ、千津井さんは深い感銘を受けたという。

新型コロナウイルスの影響で客足が遠のくなか、千津井さんは２０２０年夏に健康志向に着目した「薬膳寿司」の開発に至った（「なでしこ寿司」は営業不振などにより、２０２２年12月に惜しまれながら閉店した）。ネタの上に五香粉と呼ばれる混合調味料のペーストや、松の実と刻んだ大葉をオリーブオイルで混ぜたソースなどを乗せた、カラフルな握り寿司などを提供していた。さまざまな薬膳の免疫効果が期待される寿司は、色彩感覚にあふれ見た目にも華やかで女性ならではのセンスが光っていた。

また、千津井さんは、薬膳寿司のほか、薬膳食材を養殖魚の餌に使った「薬膳魚」を生産する計画を進めてきた。試行錯誤のすえ実現したのが、ミカンの皮を乾燥させた陳皮や松の実など数種類の薬膳食材をニジマスに与えて育てた「薬膳サーモン」だ。

２０２２年秋から北海道の上川町で試験的に養殖生産・出荷を開始し、２０２３年４月、機能性表示食品「薬膳サーモン」というブランド魚が、健康に関する効果をうたって誕生した。

薬膳サーモンには数種の効果が期待できるが、千津井さんが機能性表示食品として申請したのは、尿酸値の低減に対する働きだ。養殖されたサーモンに、尿酸値の上昇を抑える働きが報告されているアンセリンが含まれていることが客観的に証明されたことで、消費者庁に届出が受理された。

生鮮水産物の機能性表示食品は、これまでカンパチやブリなど7件の届出が行われているが、人気のサーモンでは初めてのことだ。ノルウェー産やチリ産のサーモンが、日本だけでなく世界の市場を席巻するなか、国産の巻き返しへの熱い期待が水産業界で高まっている。

既に薬膳サーモンは各地で提供されており、札幌市内のホテル内にあるレストランでは、朝食のメニューに登場し、好評だったという。このホテルに薬膳サーモンを卸す札幌市中央卸売市場の卸会社「丸水札幌中央水産」（丸水）は、「道内でも別のサーモンが養殖されているが、味だけでなく体に良い点も強調できるため、今後は他の飲食店や鮮魚店にも売り込んでいきたい」（高佐佳希・近海チームマネージャー）と話す。

実際、2023年7月からは丸水を通じて、市内の百貨店・大丸札幌店で販売が始まっているほか、岡山県の中央卸売市場や横浜市の横浜ベイシェラトンホテルでも提供されるなど、販路が拡大している。

さらに丸水の東京営業部では、全国展開する食品スーパーとの間でも販売に向けた調整を進めており、「薬膳サーモンの味だけでなく、機能性も多くの人に知ってもらい、食べてもらえるよう橋渡しの役割を果たしていきたい」（齊藤陽一・リーダー補佐）と意気込んでいる。

また、東京では、港区麻布台の高級レストランのコースメニューにも採用されている。肉料理とともにメインディッシュとして、メープルシロップやレモンに漬け込んだ薬膳サーモンのカツレツや、キャビアライムなどと合わせた薬膳サーモンのマリネなどが提供されているのだ。有名シェフのお眼鏡にもかない、今後も扱っていきたいと評判は上々である。

薬膳サーモンは北海道のほか、三重県や九州の養殖業者からも生産の相談が寄せられて

薬膳サーモンをPRするBKTCの千津井由貴社長

おり、調整中だという。国内だけでなく、南米・チリの養殖業者との間でも生産へ向けた具体的な交渉が進められているようだ。

　こうした国内外の関係業者の反応は、千津井さんがほうぼうを駆け回って交渉し、理解を得ながら販路を広げてきた結果といえる。薬膳サーモンのブランディングについて千津井さんは、「養殖する環境や魚の育成方法など、厳しい基準を設けているため、条件をクリアした業者の方と生産していきたい」と話している。産地を選ばない新たなブランドサーモンというコンセプトが、今後さらに注目を集めていくことになりそうだ。

女性寿司職人のパイオニアとして、さらに国産ブランドサーモンのプロデューサーとしても活躍する千津井さん。自分のような女性寿司職人を育てようと、2020年に「次世代寿司協会」を設立した。やがては寿司店を開業してフランチャイズ化し、国内だけでなく、海外でも女性が握る店を展開するのも夢の一つだという。

また、これまでの活躍が評価され、水産庁の「海の宝！ 水産女子の元気プロジェクト」推進のために活動する水産女子のメンバーにもなっている。ジェンダー平等による男女差別解消が世界の課題になるなか、彼女の寿司職人としての活躍や「薬膳サーモン」の普及活動は、日本の水産業界に勇気を与えることになろう。

第8章　魚大国・ニッポン復活への戦略

■本来的には魚資源に恵まれている日本

日本の漁業は、かつてないほど厳しい状況下に置かれているものの、世界に類を見ない特異な条件のうえにあることも確かだ。島国である日本の国土面積の大きさは、世界で61番目で、地球の陸地面積の0・3％に満たない。だが、世界の三大漁場のひとつである「北西太平洋海域」（北海道東〜三陸・常磐沖）という好漁場を有している。周辺水域は親潮と黒潮、寒流と暖流が交錯し、豊富な魚が行き交う豊かな海に面している。まさに世界有数の海洋国家と言える。

そうした海の幸に恵まれた日本の魚食の歴史は古く、今から1万年以上前にさかのぼる。貝塚の遺跡から、海水魚や淡水魚の骨、イルカやクジラといった海産哺乳類の骨までが発掘され、縄文時代から「魚を獲って食べる」という生産活動・食文化が培われたことが分かっている。

干したり、漬けたりしながらうまく保存し、庶民の食生活に活かされてきた魚介類。水揚げ後に周辺に配分したことをきっかけに、今では全国津々浦々、3000近い漁港が点在している。南北に長い国土で発展してきた漁業が物語るように、多種多様な何百種類もの魚介を利用してきたことも、他国に類を見ないであろう。

つまり、本来なら、日本の魚資源に関するポテンシャルは高い。にもかかわらず、日本の漁獲量は減少の一途を辿っているのはなぜか。本章では魚大国・ニッポン復活への戦略について考えてみたい。

■日本漁業の栄枯盛衰

日本漁業を隆盛期から振り返ると、戦後の高度成長に伴う技術革新に支えられ、沿岸から沖合・遠洋へと漁場を拡大した。しかし、１９７７年に米国や旧ソ連、カナダ、ヨーロッパ諸国を含む40カ国が設定した世界的な２００カイリ水域の定着によって遠洋漁場は縮小し、日本漁船の多くが海外から締め出されることになった。

こうして、遠洋漁業での生産に陰りが見え始めた一方、その後の十数年間は沖合漁業の稼ぎ頭であったマイワシの大豊漁に支えられ、日本の生産量は高水準を維持することができた。１９８７年まで日本は世界一の漁業大国として名をはせていたのである。

だが、その後、日本の漁業生産をめぐる状況が一転する。１９８０年代終わりごろから、マイワシが減り始めたほか、遠洋でも１９９２年にベーリング公海漁業の停止が関係国間で合意されことで、主にすり身の原料となるスケトウダラの漁獲が激減した。追い打ちをかけるように、1993年には、北太平洋の公海におけるサケ・マス漁業が禁止になる。1999年にはマグロ類の資源保護へ向けた機運が高まり、国連食糧農業機関（FAO）の行動計画に沿って、日本の遠洋マグロ延縄漁船は当時の2割に当たる132隻を減船しなければならなかった。

下り坂を転げ落ちるように、日本漁業は勢力を失い始めたのである。

実際のデータを参照すると、農林水産省がまとめた「漁業・養殖業生産統計」からは、右側がえぐれて下がり過ぎてはいるものの、概ね富士山のような形をしたグラフが確認できる。われわれ水産業に縁がある職に就く者にとっては、これまで何度も見た〝山〟だ。頂上の1984年には年間1282万トンの総生産量を上げ、旧ソ連や中国をしのぐ世界一の高水準を示していた。

だが、それを境に、グラフの右側は急降下する。

〝5合目〟くらいから、ややなだらかな勾配に変わり、緩やかに下降線をたどっているものの、2022年の総生産量は前年比7・5％減の約385万9000トンと、400万トンを割り込み、1956年の調査開始以来、過去最低となってしまった。ピーク時（1

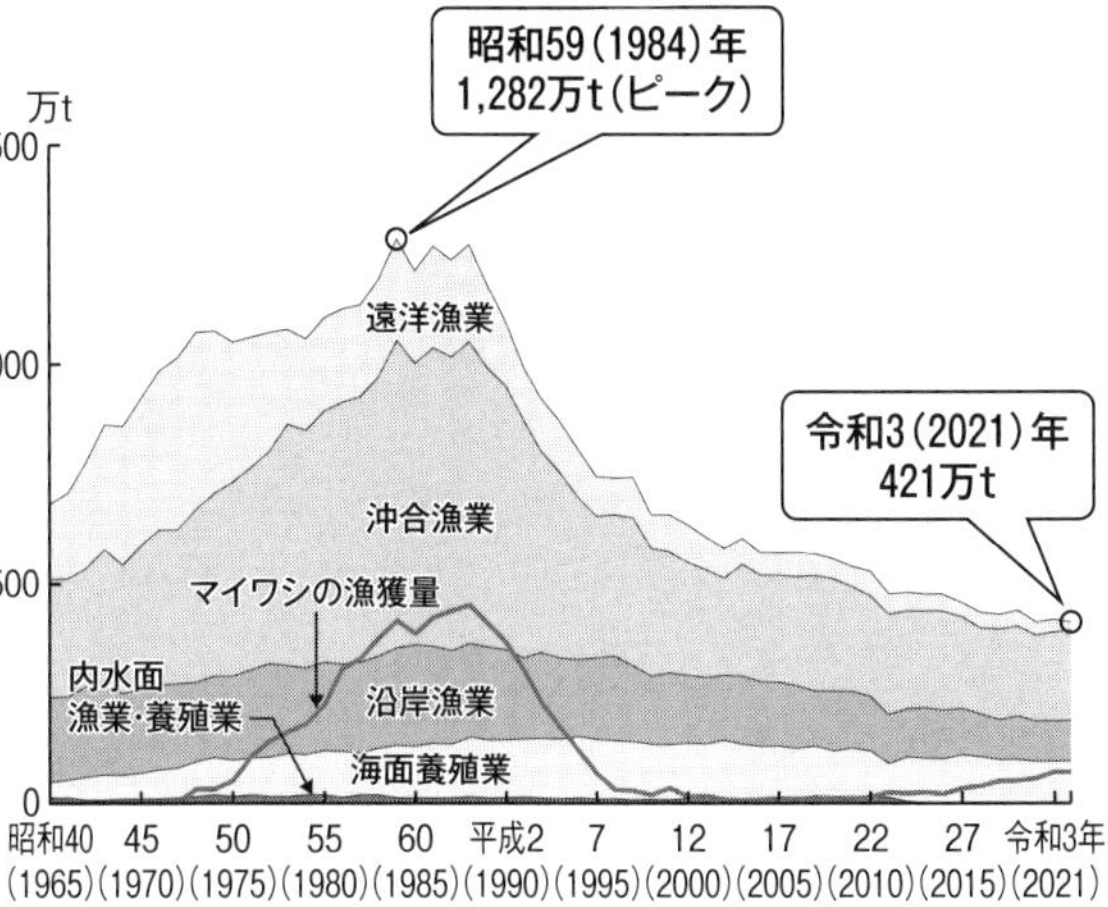

単位：千t

		令和3年（2021）
生産量	合　計	4,215
	海　面	4,163
	漁　業	3,236
	遠洋漁業	279
	沖合漁業	2,020
	沿岸漁業	938
	養殖業	927
	内水面	52
	漁　業	19
	養殖業	33

注：漁業・養殖業の生産量の内訳である「遠洋漁業」、「沖合漁業」及び「沿岸漁業」は、平成19（2007）年から漁船のトン数階層別の漁獲量の調査を実施しないこととしたため、平成19（2007）～22（2010）年までの数値は推計値であり、平成23（2011）年以降の調査については「遠洋漁業」、「沖合漁業」及び「沿岸漁業」に属する漁業種類ごとの漁獲量を積み上げたものである。

漁業・養殖業の生産量と推移［農林水産省データを加工］

984年）に比べて7割減で、漁業の凋落ぶりが際立っている。

さらに、2021年の世界の漁獲ランキングでは、首位は中国で、2位がインドネシア、次いでインド、ベトナムなどとなっている。日本はノルウェー（9位）、フィリピン（10位）にも抜かれ、初めて「ベスト10」落ちの11位に甘んじた。この先も日本の漁業は衰退するとみられ、復活の兆しが見えない状況となっている。

■日本の海を取り巻く漁業の法体系

このように欧米や中国などでの世界的な魚食の増大に伴って、外国勢の漁業活動が活発化しているが、それに伴う乱獲や、地球温暖化による海洋環境の変化を受け、魚の資源水準は芳しくない。

ここで、日本の海を取り巻く漁業の法体系について触れておきたい。「海の憲法」と呼ばれる国連海洋法条約（海洋法に関する国際連合条約）は、1982年に採択され、1994年に発効した。これを受け、日本は国内法の整備や周辺国との調整などを進め、1996年に同条約を批准、同年発効した。

同条約により200カイリの排他的経済水域が設定され、当該水域に関する生物資源の保存・管理が義務化された。さらに、「海洋生物資源の保存及び管理に関する法律」（ＴＡＣ法）が制定され、１９９７年から同法に基づくＴＡＣ（漁獲可能量）制度の運用がスタートしている。

ＴＡＣ制度は、魚種別に１年間の漁獲量の上限を設定し、漁獲過剰にならないよう管理することで、魚資源の保護に努めるものだ。

それまで、日本の漁業管理は操業の許可制や免許制によって、漁船の隻数、操業期間、漁場などを管理・制限する「入口規制」が主流だったが、ＴＡＣ制度によって、入口規制とともに「出口規制」が新たに開始された。

ＴＡＣの運用に当たって水産庁は、①漁獲量が多く、経済的な価値が高い魚種、②資源状況が極めて悪く、緊急に保存・管理を行うべき魚種、③わが国周辺で外国漁船により漁獲が行われている魚種、という条件を基に対象魚種を選定した。

１９９７年のＴＡＣ制度スタート時は、サンマ、スケトウダラ、マアジ、マイワシ、サバ類（マサバ、ゴマサバ）、ズワイガニの６魚種が対象となり、１９９８年にスルメイカ、２０１８年には、クロマグロがそれぞれ追加された。その後、ＴＡＣ法は２０２０年12月１日に廃止され、改正漁業法に移行した。

新漁業法でも資源管理はＴＡＣが基本となっている。水産庁は、ＴＡＣ管理の基礎となる資源評価の対象魚種を拡大し、魚種を順次増やしていく一方、ＴＡＣ管理だけでは過剰な競争を生み出すため、漁船ごとの漁獲割り当て（ＩＱ）をクロマグロやマイワシ、サバ類の一部について導入した。さまざまな管理策を合わせながら、全体の漁獲回復を目指している。

ここまでが押さえておくべき基本である。

筆者は２０２３年８月、水産庁の河村仁漁政課長から、「日本の水産業の未来～漁業法改正と新たな水産基本政策について～」という題目で、本章のテーマである「魚大国・ニッポン復活への戦略」を詳しく解説してもらった。今後、国としてどのような舵取りを行っていくのか、その内容について紹介したい。以下、河村漁政課長の談話である。

■水産政策改革始まる

70年ぶりに改正した漁業法、そして、先般（２０２２年3月）、閣議決定された新たな水産基本計画を中心にお話ししたい。

かつて日本の水産業は盛んに行われていた。ご存知の通り、日本は島国であり、四方を海に囲まれ、豊富な水産資源があることから、漁獲量が世界一であったため、水産大国と呼ばれていた。

　しかしながら、１９７７年に米国とソ連が２００カイリ水域を設定し、それ以降、基本的には２００カイリ、すなわち排他的経済水域内で操業しなさいというルールが各国や国連等において定められた。そのため、マイワシの漁獲高の減少等もあいまって沖合・遠洋漁業を中心に厳しい状況を迎えた。

　そういうなかにあって、有益な水産資源を適切に評価・管理しながら、成長産業化を目指し、水産大国ニッポンを復活させることなどを目指して水産政策改革を進めていくことになった。

■国際的な枠組みに沿った資源管理を

　水産庁が取り組んでいる改革の中身は、４つの柱からなっている。

　まず１つ目は「資源管理」が挙げられる。

　当たり前のことだが、魚は乱獲するといなくなってしまい、漁業が継続できなくなってしまう。このため、科学的な知見による資源評価をしっかり行い、獲ってよい魚の量を決める数量管理を基本としながら、持続的な水産業を目指していくこととなった。

特に国境を越えて回遊する魚種については、日本だけでなく、国際的な枠組みに沿った形で資源管理を進めていかなければならない。さらに、日本でいくらしっかり資源管理を行っても、外国漁船が違法に魚を獲ってしまえば、日本の資源管理の効果が減殺されてしまう。そういったことが起こらないよう、違法漁船の取締体制を強化していこうということだ。

2つ目は「遠洋・沖合漁業」についてである。

今まで、例えば船の大きさの指標であるトン数などを制限してきたが、IQ（個別数量割り当て。漁船ごとに獲ってよい数量を定めて配分する）制度の導入に併せて、従来のトン数規制などを見直し、船の大型化を許容していこうという改革になった。船の大型化により、漁船の労働環境や居住環境の改善が期待される。例えば、船内にスペースができて、最新の機器などが導入されれば、若者に魅力のある職場環境、生産性の高い操業環境を実現できるのではと考えている。

■既存の制度を見直し、水産資源を適正に利用

３つ目は「養殖・沿岸漁業」だ。

沿岸部分においては海面利用制度を見直すこととしており、また、漁業権についてはこれまでの歴史的経緯を踏まえ堅持する。だが、プロセスが不透明だという指摘を踏まえ、透明化し、限られた水域を適切に利用していくことにしている。

４つ目は「水産物の流通・加工」である。

昔は魚を多く輸出していて、自給率が１００％を超えていた時代もあったが、今では食用の魚介類の自給率が57％（２０２０年度）となってしまっている。今後、養殖業成長産業化総合戦略なども踏まえつつ、輸出拡大も視野に入れながら、品質・コスト面で競争力のある流通構造を確立していくこととしている。同時に、違法に採捕された水産物の流通を防止するため、新たに水産流通適正化法も制定した。

このように水産庁では水産政策改革を進めてきている。具体的には、水産資源の適切な評価・管理を行い、養殖などの水産業の成長産業化を目指しており、その結果、漁業者の皆さんの所得向上や年齢バランスのとれた漁業就業構造が確立されることが期待されている。

■漁業者の職場環境を改善

こうした改革の方向性に沿って、70年ぶりに漁業法を改正した。いくつかポイントを説明したいと思う。

まず、最初のポイントは「新たな資源管理システムの構築」だ。基本的には資源評価をしっかり行い、TACやIQによって漁獲量等を管理し、持続可能な資源水準を維持・回復させていくということである。

次に2つ目のポイント、「漁業許可制度の見直し」について触れたい。

これは、競争力を高め、若者にとって魅力ある漁船漁業を実現していくということだ。例えばノルウェーでは漁船内にソファーが置いてあり、快適な居住環境のもとで操業ができるという。IQの導入などとセットになると思うが、日本の漁船についても職場環境・居住性の向上に向けて、規制の見直しなどを検討していく。さらに、漁業の許可体系も見直し、今までは一斉に更新（許可）をしてきたが、随時、新規の許可を推進していくこととしている。また許可を受けた漁業者には、適切な資源管理、生産性向上にかかる責務を課していくことも定められた。

３つ目のポイントは「漁業権制度の見直し」である。海区漁場計画を見直し、プロセスを透明化していく。そして、計画策定に当たっては、漁業者の意見を聴きながら、結果も公表することになる。

４つ目のポイントは「漁村の活性化と多面的機能の発揮」だ。国と都道府県は、水産業・漁村が多面的機能を有していることに鑑み、漁業者の活動が健全に行われ、漁村が活性化するよう十分配慮することとしている。

■漁獲量を２０３０年に「４４４万トン」へ

このような水産政策改革を具現化することを念頭に、２０２２年３月25日に次期水産基本計画を閣議決定した。同計画は、２００１年に制定された水産基本法に基づいて今後10年間の水産政策の基本的な方向性を示すものである。一方、10年の間に社会環境も変化するため、基本的には5年ごとに見直すこととしている。

２０１７年に策定された前計画では（漁協などの）「浜単位」での漁業者の所得向上が念頭にあった。そのため、「沿岸漁業」では浜単位で所得向上が図られるよう「浜プラン」を策定することが、「沖合・遠洋漁業」では国際競争力の強化に向けてしっかり取り組んでいくことなどが盛り込まれた。

他方では、改正漁業法の施行に先立ち、資源管理などのロードマップが策定された。具体的には、2030年度までに、漁船漁業の漁獲量をロードマップ作成時の10年前（2008年ごろ）の水準である444万トンまで戻していこうという目標を設定している。また、養殖もしっかり進めていこう、さらには輸出にもつなげていこうということで、「養殖業成長産業化総合戦略」を策定した。これはマーケットインの発想に立って、消費者が求める魚をしっかり生産していくのが狙いだ。輸出については、農林水産物全体の輸出額を2030年に5兆円にしていく目標を設定したが、そのうち水産関係は1・2兆円である。

■SDGsやカーボンニュートラルも視野に

このほか、海洋環境の変化など、地球規模の環境変化が起こってきており、その結果、サンマ、イカ、サケなど、日本の主要な魚種が不漁となっている。決して短期的な問題として楽観視できる話ではなく、長期的な視点で対応策を検討していく必要がある。後ほど改めて直近の動きを紹介したい。

さらに、国際的な動きとして、SDGs（持続可能な開発目標）などで指摘されている環境問題にきちんと対応していこうという流れになっている。例えば、カーボンニュートラル（脱炭素化）や、藻場・干潟の整備などのブルーカーボン生態系の保全に資する取組の推進などが求められている。社会全体の時勢でデジタル化を進めていくべきとの流れにもなってきた。また、未だ収束していないが、新型コロナウイルス感染症による社会経済環境の制限や、個人の行動様式の変化なども踏まえた計画の策定が求められている。

■新水産基本計画のテーマは「持続性の確保」

新水産基本計画に戻ると、前述した通り、前計画からの社会環境の変化などを踏まえて策定されている。中身は3本柱で構成されているが、あえてひとつの単語で今回の計画を示せば、「持続性の確保」という視点が一番のポイントと考えている。

海洋環境の変化、主要魚種の不漁、人口減少など、水産業を取り巻く様々なリスクがあるなかで、こうしたリスクを回避、分散、許容しながら、どうしていったら水産業が産業として持続していけるか、発展していけるか、ということを意識している。

第1の柱は「海洋環境の変化への適応も踏まえた、資源管理の実施」である。

これは、先般策定したロードマップに沿って、着実に資源管理を進めていこうというものだ。まずは、海洋環境の変化に対応していくため、きちんと資源評価を行いながら資源管理していくこと、不漁となっているサケの孵化《ふか》放流事業の改善をしていくことなどが定められている。

■不漁に対応する「複合型漁業」への転換を

例えば、サンマはサンマ棒受け網漁船、イカならイカ釣り漁船というように、１魚種の漁獲のための船型や方法が、１対１で定められている。そのため、これらの魚が不漁となっている現状では、サンマやイカの漁獲を行っている漁業者の収入が絶たれてしまう問題が出てくる。

今回の計画で打ち出したのは、複数漁法に対応できるような、複合的な漁船を建造していく必要があるということ、併せて複合的な許可が必要になるということ、である。

さらに、２０２３年３月から５月末まで、学識経験者や漁業関係者などを委員とする「海洋環境の変化に対応した漁業の在り方に関する検討会」を計５回開催し、海洋環境の変化に対応した適切な漁業経営・操業の在り方や当面の対応策について、漁業者ヒアリングを行い、課題を検討した。同年6月に、漁業者や行政が当面取り得る対応の方向性について、取りまとめを公表している。その主な内容は次の通りである。

▽資源調査・評価の充実・高度化
▽漁法や漁獲対象魚種の複合化・転換
▽養殖業との兼業化・転換
▽魚種の変更・拡大に対応し得る加工・流通
▽魚種・漁法の複合化等の取組を行う経営体の確保・育成

■適正管理で太平洋クロマグロは漁獲増枠決定

資源管理に関連し、中西部太平洋まぐろ類委員会（WCPFC）の太平洋クロマグロ管理の状況について触れておきたい。太平洋クロマグロは資源が減っていたが、国際的なルールにより関係各国が協調し、資源管理をやっていこうと決めて努力した。その結果、クロマグロは（資源が上向き）たくさん獲れるようになってきて、２０２２年から漁獲枠が15%拡大した。

資源管理を行うと、一時的には漁獲量が減るとか、所得が減るなどと心配する向きもあるが、しっかりと資源管理を行うことにより、クロマグロのように資源が回復し、結果として漁獲量を増やすことができた。こうした優良事例の情報も漁業者に提供しつつ、最新の科学的知見に基づいて資源管理を行っていく。

■輸出拡大もにらみ大規模沖合養殖を推進

続いて、第2の柱は「増大するリスクも踏まえた水産業の成長産業化の実現」だ。

まずは、「漁船漁業の構造改革」として、前述した複数の漁法による複合的な漁業への転換のほか、「養殖業の成長産業化」も盛り込んだ。沿岸部における区画漁業権に基づく養殖もしっかり進めていくが、もっと沖の方の大規模な養殖の産業化も進めていくことが、特に輸出を推進していくうえでも重要だろうと考えている。

実際、例えば鳥取県ではギンザケの大規模沖合養殖が始まっている。1・2兆円の輸出目標達成の観点からも養殖業を推進していきたい。

また、「人材育成」として、デジタル人材などの確保・育成を位置付けた。さらに、「経営安定対策」として、漁業共済制度や「積立ぷらす」といったセーフティネットを用意した。これは資源管理を行った際に、一時的に漁業者の所得が減ってしまった場合に備えた制度だ。

■「海業」展開で漁業・漁村を活性化へ

第３の柱は「地域を支える漁村の活性化の推進」である。

漁村は漁業で活性化していくのが基本的な流れだが、同時に漁村にある卸売市場の集約化、漁協事業の連携・集約化などにより、生産性の向上も図っていかなければいけない。付加価値の向上なども、例えば市場の機能を見直していくことで実現できる可能性がある。そうしたことも含めて漁村・漁業の振興を図っていこうと思っている。

そして、集約化により漁港の土地が余ってくる可能性も出てくる。この土地を「海業《うみぎょう》」として水産に関係するレストランや、渚泊《なぎさはく》（漁村地域における滞在型旅行）、レジャー施設などとして漁港に配置し、漁村の活性化に取り組んでいこうとしている。つまり、漁村の活性化を漁業と漁業に関連する海業で図っていこうという考え方である。

その他、水産バリューチェーンをしっかり構築していく必要がある。ＩＵＵ（違法・無報告・無規制）漁業を根絶するために、加工・流通・消費施策も進めていく。また藻場・干潟の保全など多面的機能の発揮や、漁場環境の保全策も盛り込み、防災・減災・国土強靭化への対策も展開していく。

■魚自給率57%を２０３２年度に94%へ

水産物の自給率目標については、先ほどの資源管理のロードマップにより、４４４万トンの漁獲を目指す。加えて、養殖の生産を増やし、輸出１・２兆円を目標とする。これらを食用魚介類の自給率で表すと、２０２０年度の57%から、２０３２年度には94%に上げていくということになる。この数字は「達成できるのか」という批判もあった。しかし、最近のロシアによるウクライナ侵攻などを鑑みると、わが国の食料安全保障をしっかり確保していくことは喫緊の課題であり、日本の国益にとっても重要だ。

われわれが策定した水産政策や、新たな水産基本計画は、水産関係者のみなさんの協力がなければ達成できない。それぞれ関係者が連携して、水産大国・ニッポンを取り戻していきたい。

■うまい魚は獲れているが……

水産庁・河村漁政課長の談話にあるように、70年ぶりに改正された漁業法（２０２０年

12月1日施行）は、減り続ける漁業生産量を回復させるため、あらゆる魚の資源評価を的確に行い、ＴＡＣを基本に適切な管理を実施していくことを明確化している。

漁業・水産業の要である「魚の管理」は未完成であり、発展途上の段階にある。海洋環境が大きく変化していることもあり、漁業生産量は史上最低を更新中だ。こうした状況変化に対応した資源評価と、管理措置の厳格化が求められる。漁業復権には、まず、「魚を絶やさずに漁獲する」という基本的な枠組みを構築しなければならない。

戦後、内外の漁場が、２００カイリの設定や、国際的な水産資源管理の強化により、日本の独壇場ではなくなってしまった。水産政策は、「より遠くへ、より多くの魚を」という増産への振興策からの転換が求められている。

つまり、まずは周辺の魚資源を保護する、いわば「防御は最大の攻撃」といった戦略への転換に徹すべきである。他国との調整が必要な国際漁業資源であるサンマなどはまさに、漁獲を最大限に抑え（守り）ながら、資源が増えるのを待って漁獲する（攻める）ことが得策のように思う。

魚資源を大切にする一方で、獲った後の流通から消費にいたる場面の変化にも、国はもう少し対応する必要があるのではないか。これまで詳述してきたように、魚の消費は、スーパーなど最終段階での販売傾向に大きな影響を受ける。豊富な品揃えが自慢の鮮魚専門店にこまめに足を運ぶ人なら別だが、「普段の買い物はもっぱら近くのスーパー」という人が多いであろう。

そうしたスーパーの店頭には簡単・便利な魚加工品が多く並び、「丸一匹」の鮮魚は種類が少なく、下処理された魚は値が高くなる。さらに、加工品も含めて、複数の産地や大きさの魚から選ぶ余地はあまりないように感じる。

魚が漁港で揚がる際、魚種や大きさは決して均一ではない。むしろバラバラだ。２０２１年冬の早朝、宮城県石巻港へ行くと、漁網からドサッと魚が入れられた「ダンベ」と呼ばれる大型の魚箱の最上段に、それほど大きくはないが、ふっくらしたマイワシが乗っていた。「これは刺し身にしたらうまいでしょ」と漁港関係者に聞くと、「うまいだろうね。でも、これは凍らせちゃうんじゃないかな」と言われた。

ダンベには、マイワシのほか、サバやタチウオ、アジなど、たくさんの種類の魚が入っていて、ほとんどがボールペンほどの長さの小魚だった。大型魚でないと流通には乗らないため、選別されずに冷凍され、養殖魚の餌などに回されるのだそうだ。

筆者の勝手な思い込みかもしれないが、食べられる魚は何とか販路を探して食用に出荷するのが、魚のプロの仕事ではないか。ところが実際は真逆で、「もったいない」と思っても、漁港関係者にとっては「そんな手間を掛けて割に合うのか」といった具合だ。漁港をはじめ、魚関係者はもちろんボランティアではない。高く売れることが確かな大型魚を豊洲などの魚市場や、業者に卸したいと考えるのは道理だろう。

しかし、その結果もたらされるのは、比較的大型で人気の魚か、質よりも安いことが求められる手を掛けた水産加工品だけしか流通しない、消費の現場だ。ちょっと小さくても……、ちょっと高くても……、といった声はマイナーで、不確定要素が多い雑音でしかないのだろうか。

第6章で「4T」の縛りを紹介したが、そんな型にははまらない、「品質」も「価格」も「規格」も「量」も不安定だが、ふらっと立ち寄り、掘り出し物のような魚の発見が期待できる、「街の魚屋さん」が復活する日は来ないのだろうか、と思ってしまう。

各地の漁港には、年中、食べたらうまいのに流通に乗らない魚が山ほどある。少しでもそうした魚たちが、食べられるようになることを切に願う。今も日本各地で「うまい魚は獲れている」ことを忘れてはならない。

おわりに

「おい、また今日も目刺しかよ！」（夫）、「仕方ないじゃない。あんたの稼ぎが悪いんだから。文句言わないで、さっさと食べなさいよ」（妻）。

昭和のコントの一幕だったか、こんなやりとりをテレビ番組で見た記憶がある。ちゃぶ台に載せられた質素な夕食に、あきれた夫が文句を言い放ったはいいが、すぐに気の強い妻の反撃にあって意気消沈。味噌汁をすすりつつ、目刺しに箸を伸ばす。漬物と冷奴などの小鉢が添えられた「超日本食」とも言うべき食卓の風景であった。

目刺しとは、カタクチイワシやマイワシが原料で、目の部分を串刺しにして何匹もつなげて天日干しにした、昔ながらの水産加工品である。タンパク質、ビタミン、カルシウムなどのミネラル類に加えて、不飽和脂肪酸といった栄養素をたくさん含んでいる。

食の多様化や肉料理の人気に押され、特に大衆魚は今、敬遠されがちだ。目刺しがおなじみの「おかず」だった頃の食卓にはもう戻れるはずがないし、無理に戻すこともない。しかし、日本人は周辺で獲れた魚をもう少し利用していかなければならない。その理由は「もったいないし、うまい」からである。

水産記者になって三十数年が経ったが、この間、国内外の魚の生産・流通・消費を巡る状況は大きく変化してきた。魚介に関するニュースは「不漁で食卓から遠ざかる」、「超特大魚がお目見え」、「1本3億円超の史上最高値」など、「えっ」と思うような話題が伝えられることが多い。だが、かつての目刺しのように、食卓に当たり前に登場していた、地味でおいしい魚の話が報じられることは少ない。

温暖化に伴う海洋環境の変化は問題だが、一定周期で豊漁・不漁を繰り返すのは、自然が相手なだけに、むしろ当然のことだ。魚を利用する上でわれわれ日本人に必要な視点は、いま獲れているうまい魚をもっとおいしくいただくことではないか。

筆者はこれまで、築地、豊洲市場を起点に鮮魚店や寿司店を取材し、漁港に足を運んでは魚関係者の話に耳を傾けてきた。そうした30年余りの経験のなかで目の当たりにしてきた彼らの努力や苦悩は、将来の水産業に大きな意味をもたらすだろうと感じている。今回、これまでの取材をもとに、魚の話を私なりにまとめることが、衰退する漁業・水産業の将来に、わずかでも光明を見いだすきっかけになればと願っている。

2023年11月3～7日（いいさかなの日）　時事通信社　水産部長　川本大吾

川本大吾（かわもと だいご）

1967年、東京都生まれ。専修大学を卒業後、1991年に時事通信社に入社。水産部に配属後、東京・築地市場で市況情報などを配信。水産庁や東京都の市場当局、水産関係団体などを担当。2006〜07年には「水産週報」編集長。2010〜11年、水産庁の漁業の多角化検討会委員。2014年７月に水産部長に就任した。著書に『ルポ ザ・築地』（時事通信社）など。

文春新書

1437

美味《おい》しいサンマはなぜ消《き》えたのか？

2023年12月20日　第１刷発行

著　　者　　川　本　大　吾
発 行 者　　大　松　芳　男
発 行 所　株式会社　文　藝　春　秋

〒102-8008　東京都千代田区紀尾井町3-23
電話（03）3265-1211（代表）

印 刷 所　　大 日 本 印 刷
製 本 所　　大　口　製　本

定価はカバーに表示してあります。
万一、落丁・乱丁の場合は小社製作部宛お送り下さい。
送料小社負担でお取替え致します。

ISBN978-4-16-661437-0